Inhalt

MANUELA ROUSSEAU

WIR BRAUCHEN FRAUEN DIE SICH TRAUEN

Mein ungewöhnlicher Weg
bis in den Aufsichtsrat eines DAX-Konzerns

Unter Mitarbeit von
Stephanie Ehrenschwendner

Bibliografische Information der Deutschen Bibliothek

Die Deutsche Bibliothek verzeichnet diese Publikation in der
Deutschen Nationalbibliografie; detaillierte bibliografische Daten sind im
Internet unter http://dnb.de abrufbar.

Verlagsgruppe Random House FSC® N001967

© 2019 Ariston Verlag in der Verlagsgruppe Random House GmbH,
Neumarkter Straße 28, 81673 München
Alle Rechte vorbehalten

Redaktion: Regina Carstensen

Umschlaggestaltung: Eisele Grafik Design, München
unter Verwendung eines Fotos von Christina Körte, Hamburg
Satz: Satzwerk Huber, Germering
Druck und Bindung: GGP Media GmbH, Pößneck
Printed in Germany

ISBN: 978-3-424-20200-7

Vorwort

Die Idee, meine beruflichen Erfahrungen, Erfolge und Niederlagen mit anderen Frauen zu teilen, entstand im Lauf vieler Jahre. Vor allem bei meinen Studentinnen und meinen Mentees spürte ich immer wieder, dass junge Frauen Orientierung bei weiblichen Vorbildern suchten. Sie wollten von erfahrenen Frauen hören, wie sie ihren eigenen Weg zwischen Karriere und Familie fanden, wie sie sich im Beruf durchgesetzt haben und wie jede für sich selbst Fehler vermeiden konnte.

Meine persönlichen Startbedingungen ließen nicht erwarten, dass mein Weg mich einmal an die Spitze eines DAX-Konzerns führen würde. Ganz im Gegenteil. Doch gerade mein ungewöhnlicher Lebensweg führte letztlich zu dem Buch, das du jetzt in den Händen hältst.

In den letzten Jahren nahm ich immer häufiger Einladungen zu Podiumsdiskussionen zum Thema »Frauen in Führungspositionen« an, gab Interviews, hielt Vorträge. Es macht mir bis heute große Freude, den Austausch mit anderen Frauen zu pflegen. Nach einem Seminar, in dem es um Selbstführung ging, sprach mich eine Journalistin an und fragte, ob ich zu meinem Seminar eine Publikation veröffentlicht hätte. Nein, ich hatte nie darüber nachgedacht und konnte es mir auch nicht vorstellen.

Dabei fängt alles, was wir tun möchten, mit einer Vorstellung von dem an, was wir wollen. Und wir Frauen dürfen uns eine große Vorstellung von unserem Leben erlauben. Mit meinem Buch möchte ich Mut machen. Mut, Ja zu sagen zu Chancen, die es ermöglichen, den Berufsweg nach eigenen Regeln zu gestalten. Mut, authentisch zu sein, um überholte Klischees zu überwinden. Mut, risikobereit zu sein und bestehende überzogene Erwartungen hinter sich zu lassen. Mut, sichtbar zu sein, um sich mit individuellen Stärken erfolgreich in die Geschäftswelt einzubringen. Mut, sinnhaft zu sein und sich ehrenamtlich zu engagieren. Aber auch Mut, souverän zu sein und sich aus der eigenen Komfortzone herauszubewegen. Mut, verantwortlich zu sein und einen eigenen Beitrag zu leisten, Stereotype abzubauen, und nicht zuletzt Mut, solidarisch zu sein, um gemeinsam die Zukunft zu gestalten. Frauen können trotz Selbstzweifel und manchmal schwieriger Voraussetzungen viel mehr erreichen, als sie es für möglich halten. Machen ist mutiger als wollen.

Ich hoffe, das Buch macht Freude, gibt Anregungen, Neues zu wagen, und macht Mut, einen ganz eigenen Weg zu suchen und diesen konsequent zu gehen.

Manuela Rousseau

1

MUT,
AUTHENTISCH ZU SEIN

Die Angst vor dem Ja

Es war ein ganz gewöhnlicher Arbeitstag im Sommer 1993, der mein Leben veränderte. Ich saß in meinem Büro im fünften Stock an meinem Schreibtisch und arbeitete an einem PR-Konzept. Mein Blick glitt über die Dächer von Eimsbüttel, in der Ferne die Silhouette der Nikolaikirche in der Hamburger Innenstadt, als das Telefon auf meinem Schreibtisch klingelte. Am anderen Ende der Leitung ein Kollege, der mich wieder zurück in den Beiersdorf-Alltag holte. Er stellte sich kurz vor und fragte: »Vielleicht erinnern Sie sich an mich?«

Ich schwieg.

»Wir haben uns vor zwei Jahren zufällig in der Sportgemeinschaft bei Beiersdorf getroffen. Sie erkundigten sich, ob es eine Tanzsportabteilung gäbe und vielleicht auch gleich einen Tanzpartner dazu. Mir gefiel Ihre direkte Art, diese kurze Begegnung mit Ihnen blieb mir in Erinnerung.« Er hielt inne.

»Das freut mich«, entgegnete ich in der kurzen Pause.

»Darf ich gleich auf den Punkt kommen?«, fragte er und fuhr, ohne meine Antwort abzuwarten, fort: »Wenn ich mit anderen

Kollegen über meine anstehende Nachfolge im Aufsichtsrat spreche, fällt immer wieder Ihr Name. Die Kreativität, mit der Sie Projekte für die Mitarbeiter anpacken und umsetzen, wird sehr geschätzt, weil es Ihnen offensichtlich gelingt, diese Ideen dann auch beim Vorstand durchzusetzen. Also, Frau Rousseau«, konkretisierte er schließlich den Grund seines Anrufs, »ich bin Mitglied im Beiersdorf-Aufsichtsrat und würde Sie gern näher kennenlernen. Bei Beiersdorf steht demnächst eine Aufsichtsratswahl an, daher möchte ich Sie fragen, ob Sie sich vorstellen können, als Arbeitnehmerin zu kandidieren?«

Auch wenn ich mir nichts anmerken ließ, zuckte ich innerlich zusammen. Hatte er mich eben tatsächlich gefragt, ob ich mich für ein Mandat im Beiersdorf-Aufsichtsrat interessiere? Einerseits fühlte ich mich geschmeichelt, dass mich jemand für eine so große Aufgabe in Erwägung zog. Meine Gedanken schlugen Purzelbäume und meine Hände wurden feucht: Meinte er wirklich mich? Was würden mein Chef, meine Kolleginnen und Kollegen sagen? Wie würde mein Mann darauf reagieren? Woher sollte ich die Zeit für eine zusätzliche Aufgabe nehmen? Kannte er mich und meinen Werdegang überhaupt? Brachte ich die notwendigen Voraussetzungen mit? War ich gut genug? Ich spürte die Last der Unsicherheit, die Angst vor der Verantwortung. Wollte ich wirklich an exponierter Stelle sichtbar werden? Das Risiko eingehen, zu scheitern? War ich bereit für eine solche Aufgabe an der Spitze eines DAX-Konzerns? Hatte ich als Frau in einem von Männern dominierten Feld überhaupt eine Chance? Oder würde ich mich kräftig blamieren? All diese Fragen gingen mir durch den Kopf, während mein Gesprächspartner am anderen Ende der Leitung auf eine Antwort wartete. Eigentlich wurde mir gerade eine große Herausforderung angeboten, die meine Karriere fördern konnte und mir Gelegenheit gab, mein Können und Know-how zu zeigen. Woher kam dieses Zögern?

Die eigene Geschichte verstehen

Meine Startbedingungen ins Leben ließen nicht erwarten, dass mir jemals jemand die Frage stellen würde, ob ich mich für die Kandidatur in einen Aufsichtsrat interessieren könnte. Mir rauschte meine eigene Geschichte durch den Kopf. Ich stammte aus einfachen Verhältnissen: Meine Mutter war im Alter von dreizehn Jahren mit ihrer Mutter und Geschwistern 1945 auf Schiffen über die Ostsee von Pommern aus geflohen. Die Familie fand in Schleswig-Holstein ein neues Zuhause. Dort lernte meine Mutter 1952 meinen Vater kennen. Sie arbeitete als gelernte Näherin, er als Lokführer.

An einem kalten Wintertag 1955 wurde ich als erste Tochter in einem Arbeiterviertel in Neumünster geboren. Wenige Wochen nach meiner Geburt nahm meine Mutter ihren Beruf wieder auf, um die Familie finanziell zu unterstützen. Meine ersten vier Lebensjahre verbrachte ich von Montag bis Freitag in der Obhut meiner Großeltern väterlicherseits. Nur die Wochenenden verbrachte ich gemeinsam mit meinen Eltern.

Ich wuchs zwischen zwei Welten auf: Auf der einen Seite war da die Welt der stolzen Großeltern, die ihre erste Enkelin mit Zuneigung überschütteten und verwöhnten. Sie schenkten mir Liebe, zeigten Verständnis für mich. Wir spielten miteinander, lachten und tobten. Ihre Fröhlichkeit und Zärtlichkeit gaben mir ein tiefes Gefühl von Geborgenheit, ein Zuhause. Diese Zeit zählt zu meinen schönsten Erinnerungen an eine fröhliche und unbeschwerte Kindheit. Auf der anderen Seite gab es das Zusammensein mit meiner Mutter und meinem Vater am Wochenende, und das wich so sehr von dem Leben bei meinen Großeltern ab, dass ich mich bei ihnen unwohl fühlte und mich freute, wenn es wieder Montag war.

Meine Mutter stammte aus einer armen, kinderreichen Familie, Zucht und Ordnung bestimmten ihre Erziehung. In ihrer Kindheit ging es streng und hart zu, nach dem Motto: »Du machst, was ich dir sage.« 1959, mit der Geburt meines Bruders, hörte meine Mutter auf zu arbeiten, blieb zu Hause und kümmerte sich um uns Kinder. Die vielleicht glücklichste Zeit meiner Kindheit bei meinen Großeltern ging damit zu Ende. Für mich fühlte es sich nach einer Trennung an, so, als ob ich meine eigentlichen Eltern aufgeben musste und neue bekommen hätte. Von da ab besuchte ich die Großeltern so oft es möglich war; später verbrachte ich immer meine Ferien bei ihnen.

Ich erinnere mich an einen Tag im Mai 1959. Mein kleiner Bruder Kai-Uwe war drei Monate alt, schlief in seiner Wiege. Meine Mutter hatte Besuch von einer Freundin. Die beiden jungen Frauen saßen an unserem Wohnzimmertisch, Kaffeeduft erfüllte den Raum. Ich hockte auf dem Fußboden hinter dem schweren Ohrensessel, meinem Lieblingsort. Der dunkelbraune Sessel gab mir die Möglichkeit, unbeobachtet zu spielen; ich empfand dort Geborgenheit, Intimität. Stundenlang konnte ich hinter dem Sessel versteckt zubringen, meist saß ich still mit meiner Puppe Klara im Arm und kuschelte mit ihr.

An diesem Tag zog ich Klara gerade ein neues Kleid an, als ich meine Mutter sagen hörte: »Also, Kai-Uwe war bei seiner Geburt mit seinen roten Haaren, den Sommersprossen und seinem runden Gesicht eher ein hässliches Kind. Ganz im Gegensatz zu Manuela, sie war ein wunderhübsches Mädchen.« Es folgte eine Pause, dann sprach meine Mutter weiter: »Die Geburt von Manuela war für mich eine herbe Enttäuschung. Ich hatte mir so sehr einen Jungen gewünscht.«

»Du hast doch jetzt beides, einen Sohn und eine Tochter«, entgegnete die Freundin.

»Ja sicher, aber Jungs haben es besser. Ich habe meine Brüder immer darum beneidet, dass sie in unserer Familie mehr durften als wir Mädchen. Die Jungs hatten mehr Rechte und Freiheiten als meine Schwestern und ich. Wir Mädchen mussten schon sehr früh Aufgaben übernehmen, mussten bei der Wäsche helfen, putzen, einkaufen, kochen oder auf die jüngeren Geschwister aufpassen. Die Jungs hatten viel weniger Pflichten, auch durften sie uns Schwestern sagen, was wir zu tun oder zu lassen hatten. Ich wollte kein Mädchen sein.«

Die Worte meiner Mutter, die ich hinter meinem Sessel lauschend aufschnappte, sollten mich mein Leben lang begleiten. Ihre persönlichen Erfahrungen waren für sie unverrückbare Tatsachen. Und das gab sie an mich weiter. Sie erzog mich so, wie sie es in ihrer Familie erlebt hatte, ohne jede Motivation und Vorstellung, dies jemals infrage zu stellen.

Meine Mutter vermittelte mir, dass das Leben kein Spaß ist, sondern ein hartes Brot, das aus Disziplin, Fleiß, Genügsamkeit und Gehorsam gebacken wird. Freude und Sorglosigkeit zählten nicht zu ihren wesentlichen Merkmalen. Sie war sehr streng und ungeduldig. Als kleines Mädchen fühlte ich mich oft dumm, machte scheinbar alles verkehrt. Egal, wie sehr ich mich bemühte, die Dinge gewissenhaft zu erledigen, ich konnte es ihr nie recht machen. Das erdrückte mich, und mein Körper signalisierte mir ganz deutlich: Das will ich nicht, das mag ich nicht, das gefällt mir nicht. Bei Oma und Opa ist es doch ganz anders. Meine Mutter ließ keinen Platz für andere Ansichten, häufig hatte ich das Gefühl, dass meine Meinung nichts zählte. Was war falsch? Was war richtig?

Als kleines Mädchen quälte mich nachts ein immer wiederkehrender Albtraum. Das gemeinsame Kinderzimmer mit meinem Bruder verwandelte sich in eine Flammenhölle. Die Feuerwehr kam durchs Fenster. Einer der Feuerwehrmänner rief: »Hier liegt ein Kind im Bett, ein Junge.« Er packte meinen Bruder und trug ihn hinaus. Ich schlief in meinem Klappbett. In meinem Traum hatte sich das Bett durch die Hitze des Feuers nach oben geklappt, so wurde ich einfach übersehen. Schweißgebadet und voller Panik wachte ich auf, weinte und schlich ins Schlafzimmer meiner Eltern. Ich wollte zu meiner Mutter ins Bett. Sie wies mich jedoch ab und schickte mich zurück. Angsterfüllt kletterte ich in das Bett meines Bruders, in der Gewissheit, ihn würden sie retten, dort würde die Feuerwehr auch mich nicht übersehen können.

Heute weiß ich, dass meine Mutter auf ihre Art genauso hilflos war wie ich. Sie setzte aus ihrer Sicht nur die Vorstellung um, die ihr von ihrer Mutter, durch ihre Erziehung mit auf den Weg gegeben wurde. Mädchen sollten fügsam, brav, demütig, hilfsbereit und dabei noch anmutig und hübsch sein. Ob sie die Absicht hegte, meinen Willen zu brechen, um über mich bestimmen zu können, bezweifle ich. Sie wollte nur alles richtig machen. Sie erzog uns Kinder nach typisch Junge und typisch Mädchen, nicht als gleichwertige Wesen mit unterschiedlichen Veranlagungen und Persönlichkeiten.

Ihre unbewusste Ungerechtigkeit und die gefühlte Macht, die sie über mich ausübte, erzeugten bei mir Ohnmachtsgefühle. Dies wiederum führte bei mir zu extremen Wutanfällen, was meine Mutter mit dem Satz: »Das Mädchen ist nicht normal« quittierte. Lange Zeit dachte ich, ich sei tatsächlich unnormal, eben anders als alle anderen Mädchen. Ich konnte mir nicht vorstellen, dass die anderen auch diese Ängste und Aggressionen hatten, die mich zutiefst verunsicherten.

Immer wieder kam es zu Konkurrenzsituationen mit meinem Bruder, die meine Mutter mit »Sieh mal, wie gut Kai-Uwe das kann« kommentierte. Der Satz: »Du kannst das nicht«, gehörte zu meinem Alltag. Ich übernahm viele Pflichten im Haushalt, eine unbeschwerte Kindheit stellte sich in dieser Umgebung nicht ein. Bei meinen Großeltern wurde ich bedingungslos geliebt, bei meiner Mutter musste ich mir ihre Zuneigung verdienen, ein nahezu hoffnungsloses Unterfangen. Die Enge provozierte mich, der schmale Bewegungsrahmen nahm mir meine Unbefangenheit und Lebensfreude. Ich musste brutal viel Anlauf nehmen, um dagegen anzukommen. Ich kämpfte so sehr, dass ich dabei das Träumen und das Kind-Sein versäumte.

Und mein Vater? Er liebte mich bedingungslos, wie ich es von seinen Eltern kannte. Er sah meine Situation, versuchte immer wieder, für mehr Gerechtigkeit zu sorgen. Doch er war durch seinen Schichtdienst bei der Bundesbahn zu selten zu Hause, um nachhaltig Einfluss auf meine Erziehung zu nehmen. Wenn er anwesend war, spielten und lachten wir miteinander. Genau betrachtet, wuchs ich mit zwei extrem unterschiedlichen Eltern auf. Meine Sozialisierung: zwischen zwei Polen zu überleben.

Ich suchte mir eine Ersatzwelt, die sich von meiner Lebensrealität unterschied. Mein größter Schatz wurde der Ausweis für die Leihbücherei. Die langen Regale, der Geruch nach Bohnerwachs, Papier und Bücher, die konzentrierte Stille sind mir bis heute vertraut. Die Leihbücherei wurde zu meiner Insel, die Bücher zu meinen treuen Wegbegleitern, sie entführten mich in andere Welten und gaben mir die Möglichkeit, mir eine eigene Vorstellung vom Leben zu machen. Die Geschichten regten meine Fantasie an. Ich sog alles in mir auf, ahnte wohl, mein jetziges Leben könnte auch ganz anders aussehen. Eines meiner Lieblingsbücher war *Pippi Langstrumpf*, die sich von Erwachsenen nichts vorschreiben ließ und mehr oder weniger unbekümmert ihre eigenen Gedanken verfolgte. Wie sehr mich Bücher tatsächlich ermutigten, ahnte ich damals noch nicht. Auf eine gewisse Weise waren die Heldinnen meiner Kindheit meine ersten Rollenmodelle, Vorbilder, die mir Anregungen gaben, mir einen eigenen Weg zu suchen, egal, was andere von mir erwarteten. Geschichten von selbstbewussten Mädchen weckten meine Sehnsucht nach einem anderen Leben. Ich zelebrierte das Lesen, kaufte beim Bäcker für ein paar Pfennige, eine Rumkugel, die wurden aus den Kuchenresten in Bäckereien hergestellt und waren für mich erschwinglich, holte mir ein Glas Milch, kuschelte mich in den tiefen Ohrensessel, hinter dem ich sonst immer spielte, in eine Decke und versank in meiner ganz eigenen Traumwelt. Irgendwo da draußen, außerhalb meines kleinen Universums, wartete etwas Größeres auf mich.

»Hallo Frau Rousseau, sind Sie noch da?«

Die Stimme am anderen Ende der Leitung holte mich wieder in die Gegenwart zurück. Mein Gesprächspartner wartete ja noch auf eine Reaktion von mir. Was sollte ich antworten? Jede Faser meines Körpers stand unter Spannung, die innere Stimme warnte: »Du kannst das nicht! Dafür bist du nicht gut genug! Bleib mal schön auf dem Teppich! Dir fehlen notwendige Voraussetzungen! Lass das sein! Du bist wahnsinnig, ernsthaft über eine Kandidatur für den Aufsichtsrat nachzudenken!«

»Frau Rousseau?«, hakte er geduldig nach. »Wollen wir uns einmal persönlich treffen?«

Ich stand vor der Entscheidung, mich für ein Aufsichtsratsmandat in einem internationalen Markenartikelkonzern zur Verfügung zu stellen. Nach einem letzten Zögern siegte meine Neugierde, mehr über dieses Angebot zu erfahren. Ich blendete meine Vorbehalte und Selbstzweifel vorerst komplett aus, tat das einzig Richtige und sagte: »Ja. Sehr gern.«

Nein sagen steht bei mir seit Langem nicht mehr am Anfang eines Angebots, ein Nein kann ich immer noch am Ende eines Klärungsgesprächs äußern. Während Frauen oft zögerlich auf Angebote reagieren, zeigen sich Männer in ähnlichen Situationen völlig anders: Ein Zögern oder Zweifel sind ihnen meist fremd.

Lange dachte ich, mein Zögern hätte nur was mit mir zu tun. Über die Jahre habe ich jedoch erlebt, dass ich damit nicht allein bin. Immer wieder erzählten mir Frauen, dass sie das von sich ebenfalls sehr gut kennen. Sie reagieren auf berufliche Chancen eher zurückhaltend oder unentschlossen, weil sie glauben, nicht ausreichend Qualifikationen für eine neue Aufgabe mitzubringen. Die Psychologie kennt dafür den Begriff »Impostor-Syndrom« und meint damit das Gefühl, nicht genug zu sein. Diese davon betroffenen Menschen leben mit der Sorge, irgendwann würden die Leute bemerken, dass sie gar nicht so großartig und klug sind, wie es scheint.

Frauen denken häufig, sie seien eine Art von »Mogelpackung«, nicht so intelligent, nicht so kompetent, wie es von außen gesehen oder eingeschätzt wird. Und selbst wenn sie bereits erfolgreich sind, werden sie weiterhin von Unsicherheiten geplagt. Bei einer von der GfK-Marktforschung Nürnberg durchgeführten Studie gestand jede fünfte Frau (20,1 Prozent), es würden ständig Selbstzweifel an ihr nagen, und sie fürchte oft, in irgendeinem Bereich zu versagen. Von den Männern sagte dies nur jeder Siebte (14,4 Prozent). Fast drei von zehn Frauen (27,1 Prozent) grübelten zudem oft darüber nach, was andere Menschen wohl von ihnen denken. Bei den Männern tat dies nur knapp jeder Vierte (22,8 Prozent). Mehr als drei von zehn der weiblichen Befragten (32,1 Prozent) gaben offen zu, lieber gar nichts zu sagen, bevor ihre Wünsche von anderen abgelehnt würden (Männer: 26,8 Prozent). Und ein Drittel der Frauen (33,1 Prozent) räumte ein, sehr niedergeschlagen zu sein, wenn sie einmal kritisiert würden. Deutlich weniger Männer (23,7 Prozent) nahmen Kritik ähnlich persönlich.

Das Impostor-Syndrom betrifft grundsätzlich beide Geschlechter, jedoch weitaus mehr Frauen als Männer. Dieses Phänomen macht auch nicht vor sehr erfolgreichen Managerinnen oder Künstlerinnen halt. In ihrer Biografie *Becoming* berichtet Michelle Obama davon, wie sie die erste Zeit in der Highschool empfunden hat. »Aus meiner Perspektive«, schreibt sie über ihre Mitschüler, »wirkten sie allesamt älter und selbstbewusster, als ich es je sein würde, mit voller Kontrolle über jede Gehirnzelle, angetrieben von jeder Multiple-Choice-Frage, die sie in dem stadtweit standardisierten Test richtig beantwortet hatten. Ich fühle mich klein, wenn ich mich so umsah.« Das aus einer Arbeiterfamilie stammende Mädchen ist klug, ehrgeizig und leistungsstark, sie hat beste Noten und kämpft dennoch mit Selbstzweifeln. »Wenn meine diversen Ängste bezüglich der Highschool sortiert werden sollten, könnten die meisten unter einer allgemeinen Überschrift zusammengefasst werden: Bin ich gut genug?«

Da ist es wieder, das Impostor-Syndrom, das Frauenbiografien vom Kindergarten bis zur Top-Etage prägt. Männer können sich viel leichter vorstellen, einen neuen Posten zu bekleiden, für den sie noch nicht ausreichend qualifiziert sind, während Frauen, egal ob zwanzig oder fünfundsechzig, glauben, (noch) nicht gut genug für eine neue Position zu sein. Männer denken dann in Potenzialen, Frauen eher in Defiziten. Die Botschaften, die ich bei der Vergabe von Führungspositionen immer wieder höre, sobald eine talentierte Frau ins Spiel kommt: »Sie ist noch nicht so weit …« Bei talentierten Männern hört es sich so an: »Der hat ein echtes Potenzial …« Stereotype lauern überall.

Woher kommt das? Warum stellen Frauen ihr Licht unter den Scheffel, vor sich selbst und vor anderen? Warum denken sich Männer eher größer und Frauen eher kleiner? Warum haben Frauen Angst, ihre Leistung könnte trotz ihrer in der Regel sehr guten Fähigkeiten nicht den Anforderungen neuer Herausforderungen entsprechen?

Die Psychologen sehen die Ursache für dieses Gefühlsphänomen in einem geschwächten Selbstwertgefühl, das in der Kindheit entsteht. Ich bin dafür ein lebendes Beispiel, weil es mir auch heute noch immer wieder so geht. Trotz vieler beruflicher Erfolge und Auszeichnungen, auf die ich zurückblicken darf, holen mich meine Selbstzweifel manchmal ein. Dann fühle ich mich wie das kleine Mädchen, das glaubt, Aufgaben und Dinge nicht gut bewerkstelligen zu können, das zu oft gehört hatte: »Dein kleiner Bruder kann das besser als du.« – »Jungs sind besser als du.« Mein Lerneffekt war damals: Lass die Finger davon, Manuela. Oder: Überlasse das besser den Jungs.

Im Lauf der Jahre wurde ich in allem, was ich tat, immer unsicherer. Die Vorurteile meiner Mutter bestätigte ich mir selbst bei allen Herausforderungen: Ich brachte schlechte Noten nach Hause und hasste Sport und Wettkämpfe. Ich weigerte mich stoisch, Rollschuh- oder Schlittschuhlaufen zu lernen. Ich schrie, als meine Mutter mich zwang, mit ihr einen Berg hinabzurodeln, nach zwei Metern ließ ich mich demonstrativ vom Schlitten fallen, und sie sauste allein den Abhang runter. Gedichte und Vokabeln lernen war mir ein Graus. Meinem Bruder fiel irgendwie immer alles leichter als mir. Selbst sein Kleiderschrank war tipptopp aufgeräumt, während bei mir ein fröhliches Chaos herrschte.

Nur zwei Sachen konnte ich gut: ungewöhnliche Lösungen für Probleme finden und delegieren. Eines Nachmittags zerrte meine Mutter mich vor den Kleiderschrank meines Bruders und demonstrierte mir, wie ein aufgeräumter Schrank auszusehen habe. Dann öffnete sie Tür meines Schranks und warf alle Kleidungsstücke auf den Boden. »So, und jetzt räumst du auf.« Ich war sauer, bockig und frustriert. Irgendwann kam mir die Idee, meinen Bruder zu fragen, ob er meinen Schrank genauso schön einräumen könnte wie seinen eigenen.

»Ja, klar kann ich das«, sagte er und tat es auch.

Meine Mutter war begeistert, wie schön »ich« aufgeräumte hatte. Damit das Problem ein für alle Mal beendet wurde, bot ich meinem Bruder einen kleinen Teil von meinem Taschengeld an, wenn er ab jetzt immer meinen Kleiderschrank aufräumte. Das klappte hervorragend, bis er sich irgendwann verplapperte und meine Mutter meinen Deal schlagartig beendete.

Jede schlechte Note, jeder gefühlte oder tatsächliche Misserfolg bestätigte meine Unfähigkeit. Jedes Versagen bezog ich auf mich, niemals auf äußere Umstände. Es ist und bleibt unglaublich schwer, die Botschaft, die ich als Basis in der Kindheit hörte: »Du kannst das nicht!«, durch neue Erfahrungen und eine positive Botschaft zu ersetzen. Ich spürte die Liebe anderer Bezugspersonen, zum Beispiel meiner Großeltern, die mich lobten und ermutigten. Irgendwie begriff ich unbewusst, dass nicht ich die Ursache des Problems war. Aber diese Ahnung machte mich als Kind nicht mutiger. Erst mit zunehmendem Alter und besserem Verständnis meiner eigenen Geschichte erkannte ich, dass die Beurteilung meiner Mutter mehr mit ihren eigenen Erlebnissen und Einstellungen zu tun hatte als mit mir.

Mit dem Erwachsenwerden wurde mir immer klarer: Wenn ich die Sichtweise meiner Mutter unreflektiert akzeptierte, würde die Tür zu einem selbstständigen und erfüllten Sein für mich verschlossen bleiben. Das zu verhindern, erforderte von mir einen radikal kritischen Blick. Die Verzweiflung darüber, dass ich kein mütterliches Vorbild hatte, das mir zeigte, wie man als Frau selbstbestimmt lebt, schmerzte. Ich stolperte mit großer Unsicherheit in meine Zukunft. Ich suchte nach Antworten. Stück für Stück nahm ich meine Erziehung genauer unter die Lupe – und begriff im Lauf der Zeit, dass nur ich, und wirklich nur ich, etwas an dieser Situation und den Gefühlen ändern konnte. Wenn ich meinen eigenen Weg suchen und ihn konsequent gehen wollte, war es erforderlich, das Nagelbett meiner Kindheit zu verlassen. Mit den Jahren wurde es für mich zu einer festen Aufgabe, mir in herausfordernden Situationen folgende Fragen zu stellen: Was treibt mich an? Was will ich wirklich? Werde ich gerade von alten, vorgelebten Mustern geleitet? Was muss ich jetzt tun, um den Spielverderber Selbstzweifel zum Schweigen zu bringen?

Den inneren Impulsen folgen

Eigentlich müsste ich tot sein, oder eine Opportunistin – ich bin weder das eine noch das andere. Ich habe das Blatt gewendet, meinen eigenen Weg lange gesucht und gefunden. Im Vergleich zu meiner Mutter wurde ich innerlich zunehmend freier, freier, als sie es sich für sich hätte jemals vorstellen können. Ich habe sehr früh gelernt, falsche Erwartungen, die an mich gestellt wurden, nicht zu erfüllen.

Meine Mutter war die prägendste Person in meinem Leben, als Kind habe ich alles geglaubt, was sie sagte. Ich habe sehr lange gebraucht, mich aus der engen Vorstellungswelt, die mir meine Mutter überstülpen wollte, zu befreien, dennoch spürte ich tief in mir, dass das nicht alles sein konnte. Da war ein Anteil in mir, der nicht zulassen wollte, dass meine Mutter Recht behält.

Was ich damals nicht verstand, war, dass die Grenzen ihrer eigenen Erziehung mich daran hinderten, mich als Frau authentisch zu entwickeln, meine Talente, meine Stärken, mein Potenzial zu entfalten. Sie wusste es nicht besser und war aus diesem Grund nicht in der Lage, mir eine Anleitung zu geben, meine Persönlichkeit zu finden. Ich war durch das Frauenbild meiner Mutter geprägt, das mich wie ein Korsett einengte.

Damit bin ich nicht allein. Frauen denken sich oft kleiner, als sie es tatsächlich sind. Aus Gesprächen mit meinen Mentees weiß ich: Das hat nichts mit Geld zu tun, mit Erziehung auch nur bedingt. In erster Linie hat es damit zu tun, was wir uns erlauben zu sein. Solange wir uns keine große Vorstellung von unserem Leben erlauben, wird es schwer, sich klare Ziele zu setzen.

Frauen müssen nicht alle Erwartungen, die an sie gestellt werden, erfüllen. Dafür dürfen sie sich aber alle Träume und Erwartungen, die sie an sich selbst stellen, umsetzen. An diesem Punkt geht es um Mut. Mein kindlicher Trotz rettete mich davor, ein Leben nach den Anschauungen meiner Vorfahren zu führen. Ich hatte zwar keine überwältigenden Ideen und Träume, aber genug Mut, einfach loszumarschieren.

Die Scheidung meiner Eltern brachte für uns Kinder zahlreiche Wohnungsumzüge und Schulwechsel mit sich. In acht Jahren besuchte ich vier verschiedene Schulen. Zeit, um Freundschaften zu schließen, blieb wenig. Kurz vor Beginn der Sommerferien 1970 verlangte meine Mutter von mir, die Schule zu verlassen, um einen Beitrag zu unserem Lebensunterhalt zu leisten. Der Klassenlehrer empfahl mir einen Besuch beim Arbeitsamt, also meldete ich mich zu einer Beratung an. Ich war vierzehn und zog mit klopfendem Herzen alleine los. Ich hatte nicht die leiseste Ahnung, was ich beruflich tun könnte oder wollte.

Der Berater schaute auf meine durchschnittlichen Zensuren in meinem Zeugnis und meinte, eine Ausbildung wäre für mich genau richtig, und wenn ich später noch einen höheren Schulabschluss anstrebe, könnte ich diesen nachholen.

»Manuela, was würde dir Spaß machen? In welchem Beruf möchtest du gerne arbeiten?«

»Ich würde gern in einem Labor arbeiten, Chemielaborantin kann ich mir vorstellen.«

»Dazu müsstest du bessere Noten haben oder einen Realschulabschluss, da kann ich dir nichts anbieten.«

»Vielleicht könnte ich in einem Reisebüro eine Ausbildung beginnen?« Ich träumte davon, wie meine Klassenkameraden in den Ferien zu verreisen.

»In Neumünster haben wir kein Reisebüro, das ausbildet, da müsstest du jeden Tag nach Kiel fahren. Das ist aufwendig, und meistens braucht man auch dafür einen Realschulabschluss. Denk doch noch mal nach. Was kommt sonst noch infrage?«

»Wie wäre es, wenn ich doch weiter zur Schule ginge?«, wagte ich einen Vorsprung.

»Komm noch einmal mit deiner Mutter zu mir, um darüber zu sprechen.«

Am Abend berichtete ich meiner Mutter von meinem Gespräch mit dem Berufsberater.

»Es tut mir leid«, entgegnete sie zu meiner großen Enttäuschung, »aber wir brauchen jeden Pfennig, ich kann dir keinen weiteren Schulbesuch bezahlen. Es wäre für uns alle eine große Hilfe, wenn du etwas zum Lebensunterhalt beitragen könntest. Eine höhere Schule steht nicht zur Debatte.«

So begann ich 1970 eine Lehre in einem Einzelhandelsbetrieb, in dem Radio- und Fernsehgeräte und Tonträger verkauft wurden.

Sich eine große Vorstellung von sich selbst erlauben

Wer auf seine inneren Impulse hört, kann sich auch eigene Ziele setzen. Wer den Sinn für sein Leben herausgefunden hat, gewinnt Orientierung, eine grobe oder hoffentlich große Vorstellung von der Richtung, die zum persönlichen Lebensweg führt. Übernimmt hingegen Angst das Denken, wird die Vorstellung voraussichtlich nie groß genug sein.

Jeder kann Dinge planen und trotzdem ausreichend Spielraum lassen für Zufälle und Richtungswechsel. Zufälle sind ein Geschenk des Lebens, sie können die grobe Richtung positiv oder negativ unterstützen. Andererseits: Wie soll der Zufall uns finden, wenn wir selbst nicht wissen, was wir wollen, wo wir hinwollen? Niemand außer uns kann uns diese Antwort geben. Auch meinen Mentees kann ich nicht sagen, was ihr persönlicher Sinn, ihre Ziele sein könnten, ich kann durch meine Fragen aber dazu beitragen, dass sie anfangen, mutiger auf ihre Bedürfnisse zu hören: Was gefällt dir in deinem jetzigen Leben? Wo stehst du im Moment? Spürst du, wenn du genau hinschaust, wo ein Störgefühl um deine Wahrnehmung bittet?

Vom Mädchen zur selbstbestimmten Frau

Seit dreißig Jahren begleite ich als Mentorin Frauen auf ihrem beruflichen Weg. Die Erfahrungen, die ich dabei gemacht habe, zeigen mir, dass sich das Selbstbewusstsein und auch die Rahmenbedingungen von Frauen in den letzten Jahrzehnten verändert haben. Dennoch halten sich zahlreiche erziehungsbedingte und tradierte Muster, die Frauen daran hindern, ihr volles Potenzial zu entwickeln. Einige meiner Mentees schilderten mir ihre unterschiedlichen Erfahrungen mit falschen oder überhöhten Erwartungen ihrer Eltern, mit Druck von außen.

Ich war ein Kind, von dem nichts erwartet wurde. Ganz anders bei Nina. Sie wuchs auf einem Bauernhof auf, und der Traum ihrer Eltern war, dass sie es »einmal besser haben sollte«, sie sollte ein Studium oder eine Ausbildung in einem großen Konzern absolvieren. Ihre Eltern hatten damit sehr große Erwartungen in sie gesetzt.

Im März 2017 lernten wir uns kennen. In einem ersten Telefonat deutete sie an, dass sie sich in einer beruflichen Umbruchphase befände. Nina war gerade neunundzwanzig geworden. Nach ihrer Ausbildung in einem renommierten Touristikkonzern in Hannover folgten Auslandsaufenthalte, dann ein berufsbegleitendes Studium an der Hamburger Universität: International Management. Wir verabredeten uns zu einem persönlichen Gespräch.

Wenige Minuten nach dem Kennenlernen sprudelte es aus ihr heraus: »Ich fühle mich so fremdgesteuert! Wenn ich zurückdenke, dann bin ich seit fünfzehn Jahren privat und beruflich immer wieder unzähligen Phrasen, Regeln und Erwartungen aus meinem Umfeld ausgesetzt: Bleib unabhängig. Bilde dich weiter. Bau dir eine Karriere auf. Genieße die Zeit. Sammle Erfahrungen im Ausland. Mach etwas aus deinem Leben. Denke daran, dass für deinen künftigen Erfolg ein gutes Studium eine wesentliche Grundvoraussetzung ist … Ich bin auf der Suche, was meine wahren Ziele sind und nicht die von anderen. Ich trete auf der Stelle, bin unzufrieden. Ich möchte etwas verändern und zugleich viel bewegen!«

Ihre Prägungen waren ganz anders als meine, und doch ließ sie sich durch die Erwartungen ihres nächsten Umfelds einschränken. Ihre Familie wollte, dass sie eine Karriere im klassischen Sinn machte. Nina hingegen wollte einen tieferen Sinn in ihrer Arbeit finden. Sie suchte nicht bloß finanziellen Erfolg, sondern ihr Wunsch war es, für die Gesellschaft, fürs Gemeinwohl zu arbeiten. Sie wollte etwas bewegen, das größer war als sie. Ich kann das gut verstehen. Dennoch kam sie gar nicht auf die Idee, sich eine andere berufliche Vorstellung zu erlauben.

Wir arbeiteten ein Jahr zusammen, mit dem Ergebnis, dass Nina zunehmend weniger darauf achtete, was andere von ihr erwarteten. Sie entschied sich konsequent, ihren Bedürfnissen auf den Grund zu gehen und diese in ihrem Leben an die erste Stelle zu setzen. Sie gab sich die Erlaubnis, ihre Wünsche wach werden zu lassen. Sie bekämpfte ihre Ängste, fand immer mehr Orientierung und schließlich einen neuen Job, der ihren Anspruch nach Sinn in ihrem Leben erfüllte: Fünf Monate nach unserem ersten Gespräch wechselte sie aus dem Konzernleben auf einen verantwortungsvollen Posten in einer Non-Profit-Organisation.

Um sich eine große Vorstellung zu erlauben, muss man sich erst einmal erlauben, überhaupt eine Vorstellung zu haben, die anders ist als die Erwartungen des persönlichen Umfelds. Das gilt für Nina ebenso wie für mich und viele andere Frauen. Es spielt keine Rolle, in welche Umstände wir hineingeboren wurden, welche Faktoren unseren Weg limitiert haben mögen. Entscheidend ist, wie wir als erwachsene Frauen mit unserer eigenen Geschichte umgehen.

Die eigene Geschichte zu hinterfragen, das bedeutet für mich, das emotionale Erbe, die Prägungen und Erwartungen, die jede Frau von zu Hause mitbekommen hat, zu verstehen und zum Besten zu nutzen. Wir können nur dann die beste Version von uns selbst werden, wenn wir unseren eigenen Vorstellungen folgen. Wenn wir nicht damit beschäftigt sind, so zu sein, wie andere uns sehen oder uns gern hätten.

Wäre es nach meiner Mutter gegangen, würde ich heute im Einzelhandel arbeiten. Ich bin froh und dankbar, den Mut gehabt zu haben, meinen eigenen Impulsen zu folgen. Auch Nina ist heute glücklich, mutig und erfolgreich ihre eigenen Vorstellungen von einem sinnstiftenden Leben realisiert zu haben, statt sich den Karriereplänen ihrer Eltern zu fügen. Das wünsche ich jeder Frau.

Viele Mentees schildern, sie wollen es allen recht machen. Das heißt, sie wollen die Wünsche, die an sie herangetragen werden –

von ihrem Chef, den Eltern, Schwiegereltern dem Partner –, erfüllen und ihr Umfeld nicht enttäuschen. Sie sind bereit, ihre Wünsche zu vernachlässigen, um allen zu beweisen: »Ich schaffe das, ich bekomme alles hin.« Viele Frauen, gerade wenn sie auch noch Mütter sind, gehen Tag für Tag über ihre Grenzen, sie überfordern sich bis zur Erschöpfung, um es allen recht zu machen. Wo bleibt Platz, um in Ruhe darüber nachzudenken, welche eigenen Bedürfnisse unerfüllt bleiben? Wie sollen Wünsche wach und wahrgenommen werden? Wann geben sich Frauen die Erlaubnis, zu sagen: Meine Bedürfnisse sind genauso wichtig wie die aller anderen Personen in meinem Umfeld?

An emotionalen Gitterstäben zu rütteln, heißt noch nicht, dass man etwas bewegt hat. Wer sich nicht traut, Ängste und überzogene Erwartungen hinter sich zu lassen, tritt auf der Stelle. Es gilt, sich ganz konkret von falschen Erwartungen und unpassenden Vorstellungen zu befreien und eigene Regeln zu entwickeln. Die innere Triebfeder zu entdecken, dann die Weichen zu stellen für ein selbstbestimmtes Leben, ist der wesentliche Schlüssel. Wer sich selbst gut kennt, kann sich zurücknehmen und damit Platz schaffen für andere Meinungen, eine gute Basis, um andere Menschen zu führen.

Gerade den jungen Frauen möchte ich sagen: Nehmt euch und eure Bedürfnisse ernst. Trefft klare Entscheidungen für euch, überlasst euer Leben nicht ausschließlich dem Zufall. Ob Ausbildung, Beruf, Partnerschaft, Hobbys – ihr habt für alle Bereiche eures Lebens immer eine Wahl. Sind Kinder für euch ein Lebensziel? Eine Karriere? Ist es eine Mischung aus Familie und Beruf? Denkt vor der Entscheidung intensiv darüber nach, was euch daran hindert, eure Idee von der Zukunft umzusetzen.

Die Vereinbarkeit von Beruf und Familie ist in erster Linie immer noch eine Entscheidung von Frauen. Zum Glück ist erkennbar, dass immer mehr Väter das traditionelle Modell der Kindererziehung nicht mehr wollen. Sie nehmen Elternzeit, sie verbringen Zeit mit ihren Kindern, kümmern sich aktiv um die Erziehung ihrer

Söhne und Töchter. Sie haben verstanden, dass sich die klassische Rolle des Alleinverdieners massiv verändert hat. Sie sind stolz auf ihre berufstätige Partnerin, mit der sie sich Arbeit, Familie und Freizeit teilen. Sie entlasten sich gegenseitig und bemühen sich, alles unter einen Hut zu kriegen. Trotzdem ist das noch lange nicht der Normalfall.

Du hast das Recht und die Freiheit, dich zu entscheiden. Letztlich musst du mit dir selber leben. Nur du kannst die Weichen für dein Leben stellen. Entscheide dich, komm raus aus der Komfortzone der Unentschlossenheit. Und mach dir bewusst: Entscheiden heißt immer auch, sich gegen etwas zu entscheiden. Das genau scheinen Frauen zu vermeiden. Sie gehen zu oft Kompromisse ein, die sie später bereuen. Angst vor Kritik, vor dem Versagen, vor Blamagen und vor Veränderungen erzeugen Unentschlossenheit. Die Sehnsucht nach Sicherheit steht unseren wahren Bedürfnissen häufig im Weg. Deine Entschlossenheit ist der Schlüssel zu deiner Individualität und Lebendigkeit. Unentschlossenheit lähmt und führt dich weg von deinen Träumen.

Frauen neigen dazu, dankbar zu sein für das, was man ihnen gibt oder zugesteht. Sie sind dankbar, dass sie einen Teilzeitjob bekommen haben, sie arbeiten oftmals viel mehr Stunden, als es die vertragliche Regelung vorsieht, auch ohne die Überstunden abzurechnen. Es gibt Vorgesetzte, die finden: »Was Besseres als Frauen kann mir doch gar nicht passieren, sie sind zuverlässig und hoch motiviert, und sie arbeiten nach Feierabend von zu Hause aus und im Verhältnis alles für weniger Geld.« Ich kann von einem solchen Verhalten nur abraten. Damit schaden Frauen sich selbst und anderen Frauen. Lohn ist eine Gegenleistung für Wissen und Qualifikation und nicht für Anwesenheit. Es geht nicht darum, ob wir ein bisschen mitspielen dürfen. Die Ausbildung, die Qualifikation, die Loyalität inklusive Einsatzbereitschaft sowie das weibliche Einfühlungsvermögen machen den Wert der weiblichen Arbeitskraft aus. Es ist ausdrücklich erlaubt, dass Frauen sich aktiv nehmen, was sie für ein selbstbestimmtes Leben brauchen – übrigens ein hohes Gut der Gleichberechtigung. In vielen Ländern dieser Erde kämpfen Millionen Frauen dafür, diesen Traum in ihrer Heimat leben zu dürfen.

»Auf was möchtest du gerne mit Stolz zurückschauen, wenn du aus dem Berufsleben ausscheidest?«, frage ich meine Mentees manchmal.

»Wie soll ich darüber nachdenken, wie mein Berufsleben aufhört, wenn ich noch gar nicht weiß, wie es anfängt?«, ist die häufigste Reaktion auf diese Frage.

Meist gehe ich dann noch einen Schritt weiter: »Worauf möchtest du mit Stolz zurückblicken, wenn du am Ende deines Lebens angekommen bist?«

Die meisten Frauen bekommen erst mal einen Schreck, dann aber hilft ihnen diese Frage dabei, Klarheit zu schaffen, welchen Stellenwert und welche Bedeutung der Beruf in ihrem Leben einnehmen soll.

Sehr findige Gesprächspartnerinnen fragen auch zurück: »Wie beantwortest du die Frage für dich, Manuela?«

»Nachhaltige Wertschöpfung durch Wertschätzung«, lautet meine Antwort. Meine persönlichen Werte sind Respekt und Achtung anderen gegenüber. Ich möchte zu jeder Zeit zum Ausdruck bringen, dass ich meinem Gegenüber Vertrauen schenke und zuverlässig in meinem Handeln bin. Beim Blick zurück auf mein Berufsleben möchte ich mit Freude und auch mit Stolz feststellen, dass ich für meine Mitmenschen über alle Hierarchien hinweg immer ein offenes Ohr hatte, sie an meinem Wissen und an meinen Erfahrungen teilhaben ließ. Es ist mein Bestreben, als Führungskraft andere in ihrer Persönlichkeit zu fördern, sie zu inspirieren, sie auf ihrem Weg zu unterstützen. Ich stelle ganz selbstverständlich Kontakte zu meinen Netzwerken her, ermutige Frauen und Männer, mich als Beziehungsmanagerin einzusetzen. Damit öffne ich auch die eine oder andere Tür für neue Jobs. Es werden definitiv keine Umsatzzahlen sein, an die ich am Ende meines Berufslebens denke. Erfolgreiche Unternehmen messen sich nicht an nackten Umsatzzahlen, sie sind die Folge von einem guten, werteorientierten Umgang mit Menschen.

2
MUT,
RISIKOBEREIT ZU SEIN

Das Risiko der Unvollkommenheit

Seit der Frage »Hallo, sind Sie noch da?« waren zwei Wochen vergangen. Ich hatte in der Zwischenzeit intensiv darüber nachgedacht, ob ich wirklich bereit war, für den Aufsichtsrat zu kandidieren. Denn das Argument »Es wird Zeit für eine Frau im Aufsichtsrat« überzeugte mich nicht. Ich wollte nicht als Quotenfrau in die Geschichte von Beiersdorf eingehen. Das reduzierte mich auf mein Geschlecht. Kein gutes Gefühl. Jeder Mensch, das gilt für Männer und Frauen, wünscht sich doch, aufgrund von Qualifikationen befördert zu werden.

Ja, ich wollte kandidieren, aber wegen meiner Fähigkeiten und meiner Kompetenzen, nicht weil ich eine Frau war. Da ich mich mit dem Thema Aufsichtsrat bis dahin nicht beschäftigt hatte, konnte ich jedoch kaum behaupten, Kompetenzen für diese Aufgabe mitzubringen. Also beschloss ich, mehr darüber zu erfahren, wie andere Kollegen bisher für den Aufsichtsrat ausgewählt wurden und welche Fähigkeiten sie mitbrachten.

Ja sagen zu Chancen – und ins kalte Wasser springen

Ein paar Wochen später betrat ich das kleine sardische Restaurant im Szeneviertel von Hamburg-Eimsbüttel, das der Kollege für unser Kennenlernen vorgeschlagen hatte. Das Lokal war zu der frühen Abendstunde um achtzehn Uhr noch kaum besucht. Wenige Minuten später erschien ein gut aussehender, grau melierter, sportlicher Herr an meinem Tisch. Er lächelte und begrüßte mich herzlich.

»Es freut mich sehr, Frau Rousseau, dass Sie meiner Einladung gefolgt sind, und noch mehr, dass Sie sich für eine Kandidatur für den Aufsichtsrat interessieren. Ich denke, ich kann Ihnen heute Abend offene Fragen beantworten, und wir besprechen, wie es weitergehen könnte, falls Sie sich endgültig dafür entscheiden.«

Wir bestellten Pasta und Rotwein. Während wir auf die Getränke warteten, stellte ich meine erste Frage: »Kann sich jeder Mitarbeiter aufstellen lassen?«

»Im Grunde kann sich jeder, der sich dafür interessiert, als Kandidat aufstellen lassen«, erklärte mir mein Gesprächspartner. Er verfügte über langjährige Erfahrungen im Aufsichtsrat. Geduldig und kompetent beantwortete er meine weiteren Fragen. Ich erfuhr viele Details über die Zusammensetzung eines Aufsichtsrats, wer dafür kandidieren kann, welche Aufgaben das Gremium übernimmt und welche Gewerkschaften im Unternehmen aktiv sind.

»Ich möchte ehrlich sein«, sagte ich, als er fertig war. »Ich habe mich bisher politisch nicht engagiert, war weder im Betriebsrat noch in anderen Gremien aktiv. Sie wissen, ich arbeite als Pressereferentin und habe Bedenken, ob ich für ein Aufsichtsratsmandat über ausreichend Kenntnisse verfüge.«

Mein Gegenüber ließ nicht locker: »Wenn Sie nach unserem Austausch weiterhin interessiert sind, würde ich Ihnen vorschlagen, sich bei den Mitgliedern unserer VAA-Werksgruppe vorzustellen. Der Verband angestellter Akademiker und leitender Angestellter der chemischen Industrie ist mit 30 000 Mitgliedern die größte deutsche Interessenvertretung für Führungskräfte in der chemischen Industrie, und die Mitglieder entscheiden letztlich darüber, wer als Kandidat für eine Wahl aufgestellt wird.«

Ups, akademische Führungskräfte? Mir stockte der Atem. Ich war weder Führungskraft noch Akademikerin. In meinem Kopf meldeten sich schlagartig Selbstzweifel warnend zu Wort. Ich schwieg.

»Am besten treten Sie dem VAA bei. Der Verband vermittelt Kontakte zu anderen Aufsichtsräten, organisiert spezielle Weiterbildungsseminare für Aufsichtsräte, berät in fachlichen und rechtlichen Fragen und verfügt über ein dichtes Netzwerk in Wirtschaft und Politik.«

»Ist es Voraussetzung, dass man einen akademischen Abschluss hat, wenn man dem VAA beitreten möchte?«, hakte ich vorsichtig nach.

»Nein, es ist nur wichtig, dass Sie in der chemischen Industrie arbeiten und Mitglied werden wollen.«

»Warum glauben Sie, dass ich die richtigen Voraussetzungen für eine Kandidatur mitbringe?«

»Unsere VAA-Werksgruppe besteht überwiegend aus männlichen Chemikern aus Forschung und Entwicklung. Es fehlen Frauen und auch die verschiedenen Berufsbilder, die bei Beiersdorf arbeiten, Marketing, Finanzen, Kommunikation. Wir brauchen Ihre journalistische Kompetenz, die wir im Wahlkampf und auch für die Werksgruppenarbeit sehr gut einsetzen könnten. Ich würde mich wirklich freuen, wenn Sie sich einmal in unserer Werksgruppe vorstellen. Überlegen Sie sich, was Sie in die Arbeit des VAA einbringen könnten, und signalisieren Sie, dass Sie zu einer Kandidatur im Aufsichtsrat Ja sagen.« Er lächelte und setzte mit Nachdruck hinzu: »Außerdem ist es Zeit für eine Frau im Aufsichtsrat.«

»Und wie schätzen Sie die Chance ein, dass ich die Wahl gewinne?«, fragte ich mit so viel Überzeugung in der Stimme, wie ich nur aufbringen konnte.

»Nun, wir arbeiten auf unserer Seite mit der Unterstützung durch den Verband und wir werden einen guten Wahlkampf führen. Ich schätze Ihre Chance hoch ein.«

Mein Interesse an dieser Herausforderung nahm zu.

Falls es zu einer Kandidatur kommen würde, ging mir durch den Kopf, bräuchte ich die Unterstützung meines Chefs. Ich beschloss, mich mit ihm auszutauschen, seine Meinung einzuholen.

Mein Chef, Pressesprecher und Leiter der Öffentlichkeitsarbeit, passte äußerlich und auch von seinen Einstellungen her überhaupt nicht in das Bild des durchgestylten Public-Relations-Managertyps. Von Beginn unserer Zusammenarbeit an beeindruckte mich seine Wortgewandtheit, er fand für jede Situation ein angemessenes Statement. Tief in seiner Seele war er ein Intellektueller, der seine Freiheit liebte, deutlich eigene Positionen vertrat, der oftmals ein wenig sarkastisch bis zynisch auftrat, auf der anderen Seite aber immer feinsinnig, menschlich und fair blieb.

In seinem Büro herrschte eine nüchterne Atmosphäre, es gab keine Statussymbole, keine Grünpflanzen, keine Bilder an den Wänden. Der Raum wurde von einem überquellenden Schreibtisch, auf dem ein einziges Chaos herrschte, geprägt. Ein Besuchertisch mit vier Stühlen, das war es. Wir arbeiteten seit fünf Jahren zusammen und respektierten unsere unterschiedlichen Fähigkeiten. Als Pressereferentin und Assistentin schätzte er meine pragmatische Art, Dinge zu lösen, ich schätzte seine Lebensweisheit und seine Art, mich zu fordern und zu fördern. Er war der erste Vorgesetzte, der an mich glaubte und mich ermutigte.

Am Nachmittag nach dem Gespräch im sardischen Restaurant betrat ich das Büro meines Chefs. Mein Blick fiel auf das vertraute Chaos. Ich fragte: »Möchten Sie, dass wir erst einmal Ihre Unterlagen durchgehen?«

»Nein, das hat Zeit, das können wir später tun. Sie deuteten ja an, dass Sie ein persönliches Thema mit mir besprechen möchten. Ich bin gespannt zu hören, um was es geht.« Sein Gesichtsausdruck war neugierig und gleichzeitig leicht besorgt. Wahrscheinlich dachte er, dass ich schwanger sei oder mich für einen anderen Job interessiere. Ohne Umschweife platzte ich mit meiner Neuigkeit heraus: »Stellen Sie sich vor, ich bin gefragt worden, ob ich für den Aufsichtsrat kandidieren möchte!«

»Das ist ja eine großartige Neuigkeit.« Er wirkte überrascht und irgendwie erleichtert.

In der nächsten halben Stunde berichtete ich ausführlich über meine bisherigen Gespräche, teilte meine Gedanken mit ihm.

»Herzlichen Glückwunsch zu dem Angebot«, beendete er schließlich das Gespräch. »Nutzen Sie diese Chance, meine Unterstützung ist Ihnen sicher. Ich freue mich für Sie.«

Ich hätte vor Freude auf dem Tisch tanzen mögen, weil ich ahnte, dass mir seine Unterstützung in Zukunft in jeder Weise helfen würde. Wieder einmal wurde mir bewusst, wie sehr es mir den Rücken stärkte, wenn jemand an mich glaubte, mir etwas zutraute, ganz besonders, wenn ich es gerade nicht tat. Seine Begeisterung, sein unerschütterlicher Glaube an meine Fähigkeiten machten mir Mut, es zu wagen. Der Funke sprang auf mich über, setzte ungeahnte Kräfte in mir frei. Ja, beschloss ich in dem Moment, ich will kandidieren.

Einige Tage später erhielt ich die Einladung, mich dem Vorstand der VAA-Werksgruppe vorzustellen. Alles Männer, allesamt Akademiker, Chemiker, Biologen, Ingenieure. In mir stieg Panik auf, dass ich schon in der Vorstellungsrunde scheitern könnte. Ich bat meinen Chef erneut um Rat. Er gehörte zu den wenigen Menschen, die wussten, wie sehr ich darunter litt, kein Studium vorweisen zu können, und er tat sein Möglichstes, um mir zu zeigen, dass ich diese Tatsache völlig überbewertete. »Ich kenne so viele Menschen mit exzellenten Studienabschlüssen, das sind oftmals Fachidioten, die sind so kleinkariert, dass sie auf Pepita Schach spielen könnten«, war einer seiner Lieblingssätze.

»Was wir im Unternehmen und in der Gesellschaft brauchen«, ermutigte er mich, »sind Menschen, die Verbindlichkeit, Vertrauen,

Offenheit, Weitsichtigkeit und Transparenz einbringen. Wir benötigen Führungskräfte, die ihre Mitarbeiter motivieren, sie unterstützen und ihre Talente fördern, statt formale Bildung als einziges Kriterium zu sehen.«

»Aber was soll ich sagen, wenn ich gefragt werde, was ich studiert habe?«

»Würde die Gruppe einen weiteren Akademiker wollen, hätte sie einen gesucht. Die suchen jemanden, der weiß, wie Öffentlichkeitsarbeit funktioniert, wie Kampagnen aufgesetzt werden, eine Person, die im Unternehmen gut vernetzt ist und vor allem einen hohen Bekanntheitsgrad hat und auf den die Kollegen sich verlassen können. Diese Voraussetzungen bringen Sie alle mit.«

»Sie meinen, dass ich diese Fähigkeiten in dem Gespräch in den Vordergrund rücken sollte?«

»Ja, natürlich. Seien Sie wagemutig. Stellen Sie kritische Fragen. Warum hat die Werksgruppe relativ wenig Mitglieder, wieso hat der VAA bei Beiersdorf keinen höheren Bekanntheitsgrad? Warum sind so wenig Frauen vertreten? Seien Sie sicher, die Frage nach dem Studium kommt nicht auf. Und wenn Sie so viel Angst vor der Frage haben, dann erzählen Sie Ihre Geschichte. Gehen Sie in die Offensive, seien Sie selbstbewusst«, lautete sein Rat.

Ein paar Wochen später war es dann so weit. Nach Büroschluss folgte ich der Einladung der Werksgruppe zu einem ersten Kennenlernen in ein Beiersdorf-Laborgebäude. Als ich den nüchternen Besprechungsraum betrat, saßen bereits sechs Kollegen an einem langen Konferenztisch, weitere sechs Plätze blieben unbesetzt. Der Vorsitzende stand auf, kam mir entgegen.

»Hallo, Frau Rousseau, vielen Dank, dass Sie unserer Einladung gefolgt sind«, begrüßte er mich.

Ich nahm neben ihm Platz, schaute mich respektvoll und interessiert in dieser Männerrunde um.

Alles verlief völlig unkompliziert. Die Atmosphäre im Raum war gelöst, ich fühlte mich beobachtet, aber auch willkommen. Ich wurde herzlich begrüßt, und wir stiegen schnell in die Fachdiskussion ein, sprachen darüber, woran es der Werksgruppe mangelte. Meine Selbstzweifel und Ängste stellten sich zunehmend als unbegründet heraus. Im Verlauf der Diskussion spürte ich, dass man mich wirklich zur Weiterentwicklung und zur tatkräftigen Unterstützung der VAA-Werksgruppe einsetzen wollte. Meine journalistischen Erfahrungen wurden gebraucht. Es fühlte sich für mich gut und richtig an, dieses Angebot anzunehmen. Ein paar Tage später, im April 1993, trat ich dem Verband bei und wurde in der Beiersdorf-Werksgruppe aktiv.

Dieser erste Termin war ein voller Erfolg. Ich wurde eingeladen, als Gast bei den nächsten Vorstandssitzungen dazuzukommen. Die drei VAA-Werksgruppen-Vorstandsmitglieder und weitere zwei Interessenten für eine Aufsichtsratskandidatur trafen sich regelmäßig. In die Vorbereitungen zu der anstehenden Aufsichtsratswahl wurde ich eng eingebunden. Schnell bemerkten die Kollegen, dass meine Kernkompetenzen Öffentlichkeitsarbeit und Kommunikation für den Wahlkampf einen Mehrwert brachten, der von allen geschätzt wurde.

Nach ein paar Wochen verabredete ich mich zu Gesprächen mit den VAA-Kollegen, um sie besser kennenzulernen, um mir ein persönliches Bild von ihnen und ihren Beweggründen, sich politisch zu engagieren, zu machen. So suchte ich zuerst den Austausch mit dem Vorsitzenden der Werksgruppe, um zu klären, was er von mir erwartete. Was war seine persönliche Motivation, die zusätzliche Belastung, neben seinem Job im VAA mitzuwirken, auf sich zu nehmen? Standen wir bei der anstehenden Verteilung von Positionen im Hinblick auf die Wahl in Konkurrenz? Gab es inhaltliche Gemeinsamkeiten? Welche Rolle sah er perspektivisch für mich, durfte ich mit seiner Unterstützung rechnen? Wie stand er zum Thema »Frauen in Führungspositionen«? Teilte er mein Bestreben, mehr Frauen in die VAA-Gruppe zu holen? Mir erschien es wichtig, den Meinungsführer der Gruppe einschätzen zu können. Neben meinem Chef wurde der Beiersdorf-VAA-Vorsitzende im Lauf der Jahre ein weiterer wichtiger Vertrauter, Ratgeber und Wegbegleiter.

In meinem ersten Aufsichtsratswahlkampf 1994, den ich vollkommen ohne Erfahrungen durchführte, wurde ich von einem Team erfahrener VAA-Kollegen unterstützt. So ein Wahlkampf läuft in vier Phasen ab: Er beginnt mit der Suche und Ansprache geeigneter Kandidaten, danach folgt die endgültige Entscheidung darüber, wer kandidieren wird. Im dritten Schritt wird die Konzeption erarbeitet, bevor es in Phase vier zur Umsetzung der konkreten Wahlkampfaktivitäten kommt.

Wir strebten drei von sechs möglichen Aufsichtsratssitzen für den VAA an: den leitenden Angestellten, den Gewerkschaftsvertreter (hier verteidigten beide Kollegen ihre Aufsichtsratsmandate) und erstmals den Sitz der Arbeitnehmer (hier kam ich ins Spiel). Ich hatte einen Gegenkandidaten. Wir erarbeiteten ein Kommunikationskonzept, entwickelten Plakate und Flyer für die drei Kandidaten. Wir diskutierten für mich den Slogan: »Es wird Zeit. Eine Frau in den Aufsichtsrat.« Die Argumente dafür: Es hatte bisher in der Geschichte von Beiersdorf noch nie eine Frau im Aufsichtsrat gegeben, das wurde als ein starkes Alleinstellungsmerkmal eingeschätzt. Dagegen sprach aus meiner Sicht, dass mich diese Aussage auf mein Geschlecht reduzierte und mir keine Gelegenheit bot, meine Kompetenzen zum Ausdruck zu bringen. Nach intensiven Auseinandersetzungen stimmte ich trotzdem zu, auch weil der Frauenanteil im Unternehmen sehr hoch war und ich hoffte, ihre Stimmen zu erhalten.

Ich nahm ein paar Tage Urlaub, um die zwölf Beiersdorf-Werke und Tochtergesellschaften zu besuchen. Unser Team reiste quer durch die Bundesrepublik, von Harrislee in Schleswig-Holstein bis Offenburg in Baden-Württemberg. Wir stellten uns den Mitarbeitern und Mitarbeiterinnen persönlich vor, gingen zu ihnen in ihre Büros, in die Kantine, sprachen mit den Betriebsräten oder nahmen an Betriebsversammlungen teil. Das öffentliche Sprechen vor

Gruppen fiel mir leicht, genauso, wie auf fremde Menschen zuzugehen. Mich selbst anzupreisen war gewöhnungsbedürftig und anfangs schwer. Als Neuling hatte ich noch nichts vorzuweisen. Da ich noch nie kandidiert hatte, blieb mir nur, Argumente vorzubringen, wofür ich mich einsetzen würde. Das hörte sich im Flyer so an: »Dass es bisher noch keine Frau im Aufsichtsrat von Beiersdorf gibt, muss nachdenklich stimmen. Was haben wir Frauen und auch die Männer bisher versäumt, um einer Frau die verdiente Chance zu geben, für ihre Kolleginnen und Kollegen auf Aufsichtsratsebene in deren Sinne mitzuwirken?

Mit mir haben Sie eine Kandidatin, die den Sitz im Aufsichtsrat offen und ohne falsche Bescheidenheit anstrebt. Der Aufsichtsrat überwacht die Geschäftsführung des Unternehmens. Im Aufsichtsrat geht es nicht um Lohn, Urlaub, Arbeitszeitregelung und schon gar nicht um Gruppeninteressen, sondern um die langfristige Zukunftssicherung der Beiersdorf AG. Dank meiner zehnjährigen Zugehörigkeit bin ich sicher, dass ich unsere Interessen gut vertreten werde. Auch aufgrund meiner PR-Tätigkeit sind mir die Stärken und Schwächen unseres Unternehmens bekannt. Aus dieser Erfahrung heraus will ich zukünftig bei Aufsichtsratsentscheidungen im Sinne der Beiersdorfer mitwirken. Darum meine herzliche Bitte an Sie: Machen Sie von Ihrem Wahlrecht Gebrauch! Wählen Sie für die Angestellten bei Beiersdorf Liste 2 eine Frau in den Aufsichtsrat.«

Wir führten mit dem gesamten Team einen aufmerksamkeitsstarken Wahlkampf. Überall, wo wir hinkamen, spürte ich die Unterstützung der Frauen, aber auch die vieler männlicher Kollegen. In einer der Produktionsstätten standen wir in weißen Kitteln, mit Hauben auf dem Kopf, und unterhielten uns kurz mit den überwiegend weiblichen Kolleginnen. Eine der Mitarbeiterinnen an der Produktionslinie umarmte mich spontan und sagte: »Wir zählen auf Sie, wir brauchen endlich eine Frau da oben.« Ihr Händedruck und ihr Blick machten mir bewusst, welche Verantwortung ich trug und wie viel Hoffnung die Frauen in den Tochterfirmen auf mich projizierten. Mit jeder Woche merkte ich, dass ich diese Wahl gewinnen könnte. Das Team lag richtig mit seiner Einschätzung, sie hatten recht, es war tatsächlich Zeit für eine Frau im Aufsichtsrat.

Es war enorm hilfreich, im Team mit zwei weiteren Kandidaten unterwegs zu sein. Wir drei VAA-Kollegen kandidierten für drei verschiedene Sitze (leitender Angestellter, Arbeitnehmer und Gewerkschaftssitz). In dieser Zeit spürte ich hautnah, wie wir uns gegenseitig stärkten und Rückenwind gaben. Manche Mitarbeiter dachten anfangs: Wer ist die Frau an der Seite der beiden Männer? Die Assistentin? Doch meine beiden Kollegen bekannten sich zu mir, sie warben für mich, und als Trio vermittelten wir ein gleichberechtigtes Auftreten von Mann und Frau im Wahlkampf. Die Stimmung unter uns war vertrauensvoll und offen. Wir profitierten voneinander. Ich hatte den Eindruck, nicht nur die Frauen hörten uns neugierig zu, sondern auch die Männer. Anfang der Neunzigerjahre war es die Ausnahme, dass Frauen den Männern in Nadelstreifen auf Augenhöhe begegneten, und noch seltener, dass sie von ihnen aktiv unterstützt wurden. Deshalb wuchs von Woche zu Woche und mit jedem Gespräch die Überzeugung in mir: »Es ist machbar. Und vor allem: Es ist richtig.«

Nach acht Wochen aktiven Wahlkampfs war es dann so weit: Wahltag. Die Nervosität stieg, als die Wahlurnen gegen siebzehn Uhr am Nachmittag geschlossen wurden und die öffentliche Auszählung der Stimmzettel begann. Das zog sich über mehrere Stunden hin.

Ich war live dabei, mittendrin im Trubel, hielt mich im Wahlbüro im Erdgeschoss der Hamburger Firmenzentrale auf. Um die insgesamt sechs Sitze hatten sich zwölf Kandidaten beworben, einige von ihnen warteten mit mir und ein paar Wahlhelfern auf das Resultat. Zuerst trafen nacheinander die Ergebnisse für jeden Kandidaten aus den bundesweiten Tochtergesellschaften ein. Sie wurden auf einem Flipchart festgehalten. Für jeden Kandidaten wurden die jeweils abgegebenen Stimmen notiert, das Resultat änderte sich mit jeder neuen Ergänzung. Das Endergebnis wurde gegen zwanzig Uhr erwartet. Nach und nach versammelten sich Kandidaten im Wahllokal. Die Spannung im Raum stieg mit jedem Einzelresultat. Mal lag ich knapp vorn, dann punktete wieder mein Gegenkandidat, schließlich fiel ich zurück. Die meisten Wählerstimmen kamen aus der Hamburger Zentrale, wo auch die meisten weiblichen Angestellten arbeiteten. Das Ergebnis sollte ganz am Ende der Auszählung bekannt gegeben werden. Da konnte sich noch einmal alles verändern. Angst beschlich mich. Wie sollte ich reagieren, wenn ich verlieren würde? Mir war klar, dass ich als weibliche Kandidatin in diesem Wahlkampf meine Enttäuschung auf keinen Fall zeigen durfte. Bloß nicht anfangen zu weinen, Manuela, ermahnte ich mich. Wie würde das wirken? Verheerend! Jedes Klischee über emotionale Frauen wäre damit bedient. Ich schob die Angst weg und nahm mir fest vor, egal wie es in meinem Inneren aussah, souverän zu reagieren. Eine Viertelstunde später – und gefühlt die längsten fünfzehn Minuten meines Lebens – traf das finale Ergebnis ein: 41 Prozent, das entsprach 858 Stimmen, für mich und 59 Prozent mit 1229 Stimmen für den amtierenden Betriebsratsvorsitzenden (der Betriebsratsvorsitzende zählt bei dieser Wahl zu der Gruppe der Angestellten). Ich fühlte Leere, stand da mit all meinen verlorenen Hoffnungen. »Wir zählen auf Sie«, hörte ich die Stimme der Frau aus der Produktion in meinem Ohr – und wusste: Ich hatte sie enttäuscht. Ein tiefer Atemzug, dann ging ich mit erhobenem Kopf auf meinen Gegenkandidaten zu, bedankte mich für einen fairen Wahlkampf, gratulierte ihm zu seinem Sieg und wünschte ihm viel Erfolg für die neue Wahlperiode.

Danach machte ich mich auf den Heimweg. In der Tiefgarage, im Auto, konnte ich meine Enttäuschung endlich zulassen. Die unterdrückten Tränen suchten sich ihren Weg. Ich kramte im Handschuhfach nach Taschentüchern, hoffte, dass mich niemand in diesem Zustand sehen würde. Die Gegenwart verbündete sich mit meiner Vergangenheit. Meine Selbstzweifel klopften sich auf die Schenkel. »Haben wir doch gewusst, du kannst nicht gewinnen. So ein idiotischer Slogan! Wer will schon eine Frau im Aufsichts-rat?«

Heute weiß ich, dass die Zeit – 1994 – definitiv noch nicht reif für eine Frau war. Ich hatte leidenschaftlich gekämpft. Mein Mut, mich als erste weibliche Kandidatin für einen Sitz der Angestellten aufstellen zu lassen, hatte nicht zum gewünschten Ergebnis geführt. An diesem Abend konnte ich nur meine Niederlage sehen, nicht aber, dass ich gerade einen Achtungserfolg erzielt hatte, dass ich den Weg für Frauen als ernst zu nehmende Kandidatinnen geebnet hatte, lange bevor es eine Quote für den Aufsichtsrat gab. Die folgte erst 2015.

Ich fuhr in den nächstgelegenen Park, setzte mich auf eine Bank und ließ meinen Gefühlen freien Lauf. Gab es einen Zusammen-hang zwischen dieser starken Enttäuschung und meinen früheren Erfahrungen? Im Geiste hörte ich meine Mutter: »Du hast doch sel-ber Schuld, Manuela, du bist ein Mädchen. Du kannst nicht Auf-sichtsrätin werden. Aufsichtsrätin! Hör endlich auf, dich zu über-schätzen. Bleib auf dem Teppich und freue dich darüber, dass du bei Beiersdorf einen guten Job hast.«

»Aber ich habe mit 41 Prozent doch ein respektables Ergebnis erzielt«, verteidigte ich mich in Gedanken. »Die Kollegen, die mir ihre Stimme gegeben haben, sind doch auch der Meinung, dass es Zeit wird für eine Frau im Aufsichtsrat.«

Doch wie immer behielt meine Mutter das letzte Wort: »Du wirst nie lernen, wo deine Grenzen sind.«

Grenzen akzeptieren? Wollte ich das überhaupt lernen? Mein Leben lang hatte ich gegen den engen Rahmen gekämpft, den mir die Erwartungen meiner Mutter gesetzt hatten. Hätte ich, wie sie es wollte und wie sie es in ihrem Leben getan hatte, jede Grenze ak-zeptiert, würde ich jetzt nicht hier im Park sitzen und über das

Wahlergebnis weinen. Ja, ich hatte verloren – aber ich hatte es versucht und mich darauf eingelassen.

Die Wahl mochte ich 1994 verloren haben, aber für die Frauen hatte ich in der Sache gewonnen, weil 41 Prozent aller Wähler eine Frau im Aufsichtsrat für notwendig hielten. Es war Zeit für eine Frau im Aufsichtsrat. Wenn nicht jetzt, dann bei der nächsten Wahl. Wenn nicht ich, dann eine andere Frau. In Gedanken holte ich mein Notizbuch hervor, in dem ich seit Beginn meiner Karriere meine Ziele notierte, und schrieb auf: »In fünf Jahren einen weiteren Anlauf wagen?«

Niederlagen sind oft Wendepunkte

»Es ist doch nicht das erste Mal, dass ich einen Tiefschlag wegstecken muss«, murmelte ich trotzig vor mich hin. Jahre zuvor war ich schon einmal an einem Tiefpunkt gewesen. Diesmal war es »nur« eine Wahlniederlage, damals eine existenzbedrohende Situation. Das alles fiel mir wieder ein, als ich frierend und weinend auf der Parkbank saß. Was war die verlorene Aufsichtsratswahl im Vergleich mit meinem damaligen tiefen Sturz? Nichts.

Ich dachte daran, wie ich während meiner Lehre meinen ersten Ehemann kennengelernt hatte, der neben seiner Tätigkeit bei der Bundeswehr eine Aushilfstätigkeit in seinem erlernten Beruf als Radio- und Fernsehtechniker annahm. Der zufällige Kontakt, der sich daraus zu einer Radio- und Fernsehwerkstatt mit einer angrenzenden kleinen Verkaufsfläche ergab, sollte meine Zukunft nachhaltig verändern. Zwei junge Hi-Fi-Fans, nur wenige Jahre älter als mein damaliger Mann und ich, wollten ihre Hinterhofwerkstatt zu einem modernen Einzelhandelsbetrieb ausbauen. Ihre Idee: braune Ware – so werden Geräte der Unterhaltungselektronik wie Fernseher, Audioanlagen, Computer oder Spielekonsolen genannt – zu unschlagbar niedrigen Preisen anzubieten. Ihr

Vorbild war Thomas Wegner, der im gleichen Jahr mit einem kleinen Radioladen in Hamburg angefangen hatte und junge Leute in Scharen anzog. Bei ihm gab es immer die aktuellsten und günstigsten Neuheiten. Die Geschäftsidee schlug ein, wenige Jahre später eröffnete er das erste Geschäft einer künftigen Ladenkette. Heute würde man die damalige Geschäftsidee wohl als Start-up bezeichnen.

»Sag mal, Manuela«, fragten mich die beiden eines Tages, »könntest du dir vorstellen, für uns zu arbeiten? Wir würden dir die Verantwortung für den Verkauf geben, und du könntest einen neuen Einzelhandelsbereich für uns aufbauen. Um Laufkundschaft ins Geschäft zu ziehen, würden wir gern das Sortiment um eine Schallplattenabteilung erweitern. Du bringst die entsprechende Berufserfahrung mit und außerdem Kontakte zur Schallplattenindustrie, die uns fehlen.«

Ich zögerte keinen Moment, sagte zu und kündigte meine Arbeitsstelle in einer Kaufhauskette in Hamburg. Im Sommer 1976 eröffneten wir das erste Geschäft in der Fußgängerzone von Uetersen, einer Stadt, nicht weit von Hamburg entfernt. Als erste fest angestellte Mitarbeiterin trat ich in das neu gegründete Unternehmen ein. Wenige Monate später übernahm ich die Alleinverantwortung für den Aufbau der Schallplattenabteilung und beteiligte mich am Unternehmen mit 40 000 D-Mark, die ich mir von verschiedenen Stellen geliehen hatte. So kam es, dass ich mit einundzwanzig Unternehmerin war.

In den nächsten Jahren entwickelten wir den Betrieb zu einem Erfolgsmodell. Das Geschäft in Uetersen lief so gut, dass wir zwei Jahre später einen größeren Laden in der Einkaufsstraße aufmachten und zwei weitere Läden in Elmshorn und Pinneberg. Im Lauf der Zeit wurden wir Arbeitgeber für achtundzwanzig Angestellte und Auszubildende. Ich war für alle drei Geschäfte für den Einkauf der Schallplatten zuständig, außerdem für die Ausbildung der Lehrlinge. Wir arbeiteten im Team, ergänzten uns in unseren Kompetenzen, verdienten gutes Geld, bauten die Geschäfte aus, fuhren Firmenwagen und sahen positiv in die Zukunft.

Bis zu jenem Tag im März. Es fiel Schnee, die Straßen waren glatt. Ich war als Erste im Laden und setzte gerade Kaffee auf, als einer der beiden Gründer die Filiale betrat. Seine Miene wirkte versteinert, was nicht an der kühlen Temperatur zu liegen schien.

Ich ging ihm entgegen und fragte besorgt: »Geht es dir nicht gut? Möchtest du einen Becher Kaffee?«

»Setz dich bitte«, sagte er bloß. »Es gibt leider schlimme Nachrichten.«

Ich dachte an eine Krankheit oder an ein privates Unglück in seinem Umfeld.

Er sah mich lange an, bevor er mit leiser Stimme sagte: »Wir müssen Konkurs anmelden.«

Ich hörte, was er sagte, verstand aber kein Wort. Unsere erfolgreichen Geschäfte sollten pleite sein? Von heute auf morgen? Das war ausgeschlossen, wir hätten doch bemerkt, wenn die Zahlen rückläufig gewesen wären.

»Ich begreife das nicht«, sagte ich in der Hoffnung, es würde sich um einen Irrtum handeln.

»Ich komme gerade von der Bank, habe unsere Tageseinnahmen eingezahlt und wollte die Gehälter überweisen. Die Mitarbeiterin am Schalter hat mich bloß angeschaut und mich dann mit gedämpfter Stimme ins Büro des Filialleiters gebeten. Der kam dann ohne Umschweife zur Sache und sagte: ›Ihre Konten sind leer.‹«

»Aber wir haben doch überhaupt kein Minus«, warf ich ein. »Im Gegenteil, unsere Liquidität ist hoch. Was ist passiert?«

»Bis auf einen Rest von 12 000 D-Mark wurde das gesamte Geld an eine Firma namens Schmidt überwiesen.«

Fassungslos hörte ich zu, wie er berichtete, dass unser Partner unser Konto geplündert hatte.

»Das kann doch nicht sein! Hast du schon mit ihm gesprochen?«

»Nein, ich erreiche ihn nicht. Er ist verschwunden.«

»Er ist was? Das gibt es doch nicht. Hast du bei seiner Freundin angerufen? Warst du bei ihm zu Hause? Hattet ihr Streit?«

»Na ja, du weißt ja, dass wir unterschiedliche Vorstellungen haben, wie wir unsere Geschäfte weiter ausbauen wollen.«

»Also hattet ihr Streit!«

»Nein, nicht direkt, diese Diskussion zieht sich ja schon seit Monaten hin.«

»Und was machen wir jetzt? Sollen wir Anzeige erstatten? Ihn als vermisst melden? Was sollen wir bloß dem Personal sagen?« Verflixt.

Mittlerweile trafen die ersten Mitarbeiter ein. Der Geschäftsalltag begann wie an jedem anderen Morgen, mit dem Unterschied, dass nichts mehr so war wie am Vortag.

Wir hofften, mit den Tageseinnahmen ausstehende Rechnungen begleichen zu können, um den Konkurs doch noch zu verhindern. Aber das Geld reichte einfach nicht. Die ersten Großhändler holten bereits Ware aus unseren Läden zurück, die nächste Gehaltszahlung an unsere Mitarbeiter konnte nicht erfolgen. Ohne eine schnelle Lösung war der Konkurs nicht zu vermeiden. Mithilfe der Bank und des Steuerberaters versuchten wir zu retten, was nicht mehr zu retten war. Wenige Tage später riefen wir das gesamte Team zusammen, um es zu informieren.

Wir führten Einzelgespräche mit den Mitarbeitern, die in wenigen Tagen keine Arbeit mehr haben würden, suchten nach Lösungen, die nicht mehr in unserer Hand lagen. Ein Konkursverwalter wurde eingesetzt. Es folgten Diskussionen mit dem Arbeitsamt, um den Mitarbeitern zu helfen, eine neue Stelle zu finden. Die Auszubildenden konnten wir zum Teil bei Wettbewerbern unterbringen, damit sie die begonnene Lehre abschließen konnten. Überall flossen Tränen. Eine erfolgreiche Mannschaft, ein gutes Geschäftsmodell fanden ein abruptes Ende, weil ein egoistischer Geschäftsführer seine Interessen über die von uns allen gestellt hatte. Schlaflose Nächte reihten sich aneinander, die Nerven lagen blank. Unverhofft tauchte unser Geschäftsführer zerknirscht nach zwei unendlich langen Wochen wieder aus der Versenkung auf.

Die darauffolgende Aussprache zwischen uns Partnern und dem Geschäftsführer verlief extrem emotional. Ich kam als Zweite zu dem vereinbarten Treffen hinzu. Einer der Partner saß schon im Büro, er kochte vor Wut und vor Enttäuschung. Mit hochrotem Kopf schrie er: »Der soll nur kommen, den mache ich fertig!« Dann zog er eine Pistole aus seiner Aktentasche und legte sie demonstrativ auf den Tisch. Ich wurde blass, die Luft blieb mir weg.

»Was wird das? Ist die echt?«

Die Antwort ließ keinen Zweifel zu, er meinte es ernst: »Mit dem rechne ich heute ab.«

Ich entschied mich, unverzüglich das Büro zu verlassen. Vor dem Haus wartete ich auf den Verursacher unserer Misere und warnte ihn. Er ging trotzdem hinein – und ich sehr besorgt nach Hause. Er überstand den Abend lebend und meldete am nächsten Tag Konkurs für die Geschäfte an.

Ich verlor meine berufliche Existenz, meine finanzielle Beteiligung in Höhe von von 40 000 Mark war weg, meine erste Ehe ging in die Brüche. Ich stand vor einem Scherbenhaufen, mit Schulden, arbeitslos, ohne Wohnung und ohne Perspektive. 1981 war das schlimmste Jahr meines inzwischen sechsundzwanzigjährigen Lebens.

Als ob dies noch nicht genug war, starb der wichtigste Mensch, der meiner Kindheit Freude und Lebenssinn geschenkt hatte, den ich zeitlebens vermisse: mein Opa Max.

Ich war als Unternehmerin gescheitert, diese Niederlage mischte sich mit dem Scheitern meiner Ehe und der Trauer um meinen Großvater. Der Boden unter mir rutschte immer weiter weg. Ich befand mich zwischen Selbstmitleid, Wut, Existenzangst und Hilflosigkeit. Es gab nur zwei Optionen für mich: liegen bleiben oder aufstehen. Wie sollte ich bloß eine neue Perspektive, wie jemals wieder Arbeit finden? Nachts quälten mich Angstträume. Obwohl ich Alkohol nicht gern trinke, griff ich immer wieder zu Wein, Sekt, manchmal auch zu Whisky-Cola, um meine Verzweiflung und den Schmerz über das Versagen zu betäuben und um irgendwie in den Schlaf zu finden. Eines Nachts, als die Verzweiflung mich zu erdrücken drohte, wählte ich die Nummer der Telefonseelsorge. Ich empfand es als Geschenk, eine warmherzige Stimme am anderen Ende der Leitung zu hören, und folgte nicht meinem Impuls, wieder aufzulegen. Ich glaube, ich begann das Gespräch mit Schweigen.

»Hallo, kann ich etwas für Sie tun?«, klang es durch den Hörer.

Flüsternd antwortete ich: »Mein Leben ist zu Ende, ich weiß keinen Ausweg.« Dann erzählte ich stockend, was ich in den letzten Wochen erlebt hatte, dass ich keine Vorstellung davon hatte, wie ich aus der Sackgasse rausfinden sollte. Wir sprachen längere Zeit. Die Stimme am anderen Ende ermutigte mich, eine Beratungsstelle aufzusuchen. Verdammt, so weit war ich also gekommen, ich hatte immer weniger Kontrolle über mein Leben, war auf Hilfe von Dritten angewiesen. Ich notierte mir fast widerwillig die Adresse einer evangelischen Familienbildungsstätte in der näheren Umgebung und dachte beim Auflegen des Hörers trotzig: Da gehe ich sowieso nicht hin. Dann schlief ich erschöpft auf dem Fußboden ein.

Ich war sauer und niedergeschlagen, wollte unbedingt ohne Unterstützung meinen Weg allein fortsetzen. Mir fiel ein, was für mich in der Vergangenheit oft erfolgreich gewesen war: das Aufschreiben von Zielen. Mir half das Verschriftlichen, meine Ziele dann auch tatsächlich zu realisieren – das hatte ich als Tipp auch mal in einem Buch gelesen.

Ein paar Tage nach dem Telefonat und meiner inneren Kapitulation traf ich eine wichtige Entscheidung. An einem dunklen Herbstabend öffnete ich sehr bewusst eine Flasche Sekt, die man mir zu meinem letzten Geburtstag geschenkt hatte – ich hatte sie für einen besonderen Anlass aufbewahrt. Dieser Moment war jetzt gekommen. Nicht um mich zu betäuben, ganz im Gegenteil, ich beschloss, aus dem tiefen Tal der Enttäuschung und Perspektivlosigkeit auszusteigen, die Weichen für meine Zukunft neu zu stellen. Neben mir lag ein dickes Notizbuch, weiße Seiten starrten mich an, symbolisierten meine innere Leere, die mich in dieser Lebensphase umgab. Langsam nahm ich den dicken blauen Filzschreiber in die Hand, nagte nachdenklich am Ende des Stifts. Bewusst hatte ich keinen schwarzen Stift gewählt, es sollte ja meinen Neustart und nicht mein Ende markieren. Es brauchte weitere zwei Gläser, dann schrieb ich auf die erste Seite: »Mein Weg in ein neues, erfolgreiches und selbstbestimmtes Leben«, gefolgt von meinen drei wichtigsten Zielen:

1. Für ein renommiertes Industrieunternehmen arbeiten, das mir Sicherheit bietet.
2. Zur Altersabsicherung eine Eigentumswohnung erwerben.
3. Mein Leben lang berufstätig sein, meinen Lebensunterhalt verdienen und unabhängig sein.

So plante ich systematisch, detailliert und in schriftlicher Form, wie ich mein Leben privat und beruflich aus der Krise führen konnte. Ich führte mir vor Augen, wie ich die drei Ziele in den nächsten zehn Jahren erreichen wollte. Seit diesem Augenblick habe ich nie wieder aufgehört, meine Bedürfnisse ernst zu nehmen, auf meine inneren Impulse zu hören und Grenzen, die mir andere setzen, auch gegen Widerstände zu überwinden. Von jenem Tag an begann ich, meinen Träumen zu vertrauen, ihnen eine Chance zu geben, nie aufzugeben und immer wieder neue Lösungen zu suchen – selbst in so hoffnungslosen Situationen wie die, in der ich mich gerade befand. Nach und nach entwickelte ich eine Vorstellung von meinem zukünftigen Leben.

Nach der bitteren Konkurserfahrung stand für mich fest: nie wieder Selbstständigkeit. Ich mochte es, im Einzelhandel zu arbeiten, Kundenwünsche zu erfüllen, zu beraten, zu bedienen. Es machte mich glücklich, Kunden bei ihrer Kaufentscheidung zu helfen. Aber trotz meiner Freude an dem Beruf war mir klar, dass das Einkommen, die ungünstigen Arbeitszeiten und die Möglichkeiten für eine berufliche Weiterentwicklung beschränkt waren. Und ganz oben auf meiner Wunschliste stand ja, einen sicheren Arbeitsplatz in einem renommierten Industrieunternehmen zu suchen. Der Wunsch, in die Industrie zu wechseln, schien mir fast irrational, völlig unerreichbar, weil ich glaubte, nicht über die notwendige Ausbildung zu verfügen. Und finanziell hätte ich es mir überhaupt nicht leisten können, das Abitur oder gar ein Studium nachzuholen. So nahm ich das Angebot unseres Konkurrenten an, der unsere drei Geschäfte erwarb, und arbeitete in Vollzeit als Angestellte an meiner alten Wirkungsstätte. Parallel versuchte ich, über meine persönlichen Kontakte zu ehemaligen Geschäftspartnern in der Musikindustrie einen neuen Job, eine neue Perspektive zu finden.

Das alles führte ich mir am Abend nach der verlorenen Aufsichtsratswahl auf der winterlichen Parkbank wieder vor Augen und kam zu dem Schluss, dass mich bisher jede Hürde, jede Grenze in meinem Leben weitergebracht, größer und stärker gemacht hatte. Ohne den Konkurs hätte ich nie in Erwägung gezogen, in einen Konzern zu gehen. Ich wäre vermutlich niemals diesen ungewöhnlichen Weg bis an die Spitze eines DAX-Konzerns gegangen. Die Lernkurve lautete also: Niederlagen sind immer auch eine zweite Chance. Zweite Chancen sind die Möglichkeit zu einem neuen, besseren Anlauf. Und ein neuer Anlauf ist der Sieg über die Selbstzweifel.

Tränen haben ihre Zeit

Ob nach einem beruflichen Konkurs, einer Wahlniederlage oder einfach einem verlorenen Spiel – immer überfallen uns negative Gefühle. Enttäuschung, Schmerz, Frust oder Wut, wir brauchen ein

Ventil, um diese Gefühle zu verarbeiten. An diesem Punkt ist es Zeit für Tränen.

Wenn die Spieler der deutschen Fußballnationalmannschaft eine wichtige Begegnung verlieren oder bei einer Meisterschaft nach der ersten Runde nach Hause fahren müssen, weinen auch ehemalige Weltmeister öffentlich. Wir alle fiebern vor den Fernsehgeräten oder im Stadion mit, zeigen unsere Gefühle. Wir weinen vor Enttäuschung oder Freude. Bei Verlierern und oft auch bei Gewinnern – es ist ein Ventil, das sich öffnet, sobald eine enorme Anspannung nachlässt. »Männer weinen nicht«, das ist ein ebenso überholtes Klischee wie das, dass Frauen zu nah am Wasser gebaut seien. Allerdings gibt es falsche Momente, Momente, in denen Weinen als Schwäche ausgelegt werden kann.

Bei der Verabschiedung einer Kollegin wurde mir bewusst, wann Tränen ihren Platz haben und wann nicht. Sie war siebzehn Jahre älter als ich, ihre Pensionierung stand an. Einundzwanzig Jahre gemeinsames Schaffen würden in wenigen Wochen für immer enden. Ich profitierte in dieser langen Zeit von ihrer Lebens- und Berufserfahrung: Sie hatte mich bei Beiersdorf in meinem ersten Job eingearbeitet und war im Lauf der Jahre für mich eine der wichtigsten Bezugspersonen im beruflichen Alltag geworden. Sie war es auch, die mir nach der verlorenen Aufsichtsratswahl half, meine Gefühlswelt wieder zu ordnen.

Der Tag, an dem sie in den Ruhestand wechseln würde, rückte unaufhaltsam näher. Ich ahnte, dass es mir sehr unter die Haut gehen würde, wenn wir uns nicht mehr täglich sehen, nicht miteinander sprechen, nie wieder eine Mittagspause miteinander verbringen könnten. Ich spürte Unruhe und Wehmut in mir aufsteigen und begann, für sie ein Abschiedstagebuch zu schreiben. Jeden Tag notierte ich, wie wir beide uns in dieser Abschiedsphase verhielten, wie unterschiedlich wir damit umgingen, was wir fühlten und sagten. Ich ahnte noch nicht, dass ich durch sie auch an ihrem letzten Arbeitstag noch eine wertvolle neue Erkenntnis gewinnen würde.

Sie hatte Kolleginnen und Kollegen zu einer kleinen Feier anlässlich ihrer Verabschiedung eingeladen. Auf dem Weg dorthin packte mich Panik, mir waren zum Heulen zumute. Als ich den Raum betrat, erwartete mich fröhliches Stimmengewirr, an die achtzig Wegbegleiter standen in einer langen Reihe, jeder schüttelte ihr die Hand oder nahm sie spontan in den Arm. Kaffeeduft durchzog den Raum, auf einem Geschenketisch stapelten sich hübsch verpackte Bücher, Blumensträuße, CDs, Süßigkeiten. Ich stellte mich an die Seite und beobachtete still die Szene. Nach einer Weile ergriff ihr Chef das Wort und begann seine Rede mit einem bewegenden, wertschätzenden Rückblick auf seine Mitarbeiterin. Ich konnte meine Gefühle, meine Tränen nicht mehr zurückhalten und verließ den Raum. Nachdem ich mich beruhigt hatte, kehrte ich zurück. Die Kollegin hatte gerade angefangen, sich für die Glückwünsche und für die herzlichen Worte zu bedanken. Ich staunte, wie gelassen sie ihren Dank aussprach. Voller Bewunderung dachte ich: Warum muss sie nicht weinen? Wie schafft sie das, sich so unter Kontrolle zu halten? Um meine Fassung war es nicht so gut bestellt. Während ihrer Rede hatte ich Mühe, mich zusammennehmen. Ich spürte, wie mir die Röte den Hals hinaufstieg und langsam auch mein Gesicht überzog. Bei mir ging es schon wieder los, die Tränen flossen erneut. Ich entschied, mich in mein Büro zurückzuziehen.

Am nächsten Tag entschuldigte ich mich bei ihr, dass ich nicht bis zum Schluss hätte bleiben können, ich sei so traurig gewesen, immerhin würde unsere gemeinsame Zeit ablaufen. Ich überreichte ihr mein Abschiedstagebuch mit der Bitte, es in Ruhe zu Hause zu lesen. Eine Woche, nachdem ich ihr das Tagebuch geschenkt hatte, erreichte mich ein Brief von ihr.

»Als ich noch einmal die vielen Seiten von dir mit den liebevoll zusammengetragenen Ereignissen der letzten Wochen gelesen hatte«, schrieb sie, »war es um meine Fassung geschehen. Ich war völlig aufgelöst und habe furchtbar geweint, es war, als ob mir erst jetzt bewusst würde, dass ich nicht nur meine Bürotätigkeit aufgebe, sondern auch viele menschliche Kontakte nicht mehr so würde pflegen können wie bisher. Das macht traurig. Aber so nah und so verbunden, wie ich mich dir fühle, bin ich fest davon überzeugt, eine tiefe Freundschaft zu dir aufrechterhalten zu können.«

Und ein Kernsatz von ihr wurde für mich zu ihrer persönlichen Hinterlassenschaft: »Wann und wo ich meine Tränen zulasse, entscheide ich allein.«

Diesen klugen Satz versuche ich seither zu beherzigen und möchte ihn gern an dich weitergeben.

Es ist ein elementarer Unterschied, ob wir weinen, wenn wir allein sind, oder wenn andere Menschen dabei sind. Im Berufsleben ist der Umgang mit Wut und Tränen ein sensibler Punkt, ein souveräner Umgang mit diesen Gefühlen muss geübt werden. Kolleginnen, die im Beisein ihres Chefs wegen beruflicher Diskrepanzen in Tränen ausbrechen, tun sich damit keinen Gefallen. Im Beruf gilt: Ich entscheide, wann, warum und wo ich meinen Frust, meinem Ärger oder der Enttäuschung Raum gebe und auch meinen Tränen einen Platz einräume.

Wie sieht das praktisch aus? In Augenblicken großer Emotion mache ich mir bewusst, dass meine Gefühle menschlich und verständlich sind. Dann sage ich mir: »Du darfst traurig, wütend oder was auch immer sein, Manuela. Diese Emotionen signalisieren Leidenschaft für eine Sache. Aber die Tränen helfen dir gerade nicht weiter. Und sie verunsichern deinen Gesprächspartner. Investiere die Energie deiner Gefühle nicht in Tränen, sondern in die Lösung der Aufgabe, des Konflikts oder des Problems.«

Menschen reagieren auf Weinende oft hilflos und verunsichert, insbesondere im beruflichen Kontext. Für männliche Kollegen kann dies eine schwierige und unverständliche Situation sein. Das Vorurteil, das Klischee lautet: Männer weinen nicht. Zum Glück tun sie es manchmal doch. Jedoch dürfte dies im Beruf eher eine Ausnahme sein. Zwei Männer werden sich bei einer beruflichen Meinungsverschiedenheit eher lautstark streiten als weinen. Frauen schießen vor Wut oder Verzweiflung schon mal die Tränen in die Augen. Wird ein Chef damit konfrontiert, könnte er daraus den Schluss ziehen: Sie ist der Aufgabe nicht gewachsen, wenn sie sich nicht kontrollieren kann. Wenn er diese Frau in eine Verhandlung schickt, sie irgendetwas durchboxen muss und es läuft nicht. Oder er könnte auch denken: Wenn sie eine harte Konfrontation durchstehen muss und zu weinen anfängt, wäre ihr Ruf ruiniert und seiner gleich mit. Warum hat er denn eine Heulsuse – unter Männern wäre es wohl ein Weichei – mit der Aufgabe betraut?

Umwege führen auch ans Ziel

Mit so wenig Tränen wie möglich, einem eisernen Willen, einer gehörigen Portion Trotz, oft gepaart mit großer Hoffnungslosigkeit, versuchte ich, mich aus der schwierigen Situation nach dem Konkurs zu befreien. Ich schrieb Bewerbungen, arbeitete weiter im Einzelhandel, fand eine kleine Einzimmerwohnung in einem Altbau, die ich mit Restmöbeln aus der ehelichen Wohnung einrichtete. Eine Freundin lieh mir ein Schlafsofa.

1983 klappte es dann endlich. Ich erhielt einen Zeitvertrag bei einer renommierten Hamburger Schallplattenfirma in der PR-Abteilung. Ich ergriff diese einmalige Chance, obwohl ich nur praktische Erfahrungen im Einzelhandel mit Tonträgern gesammelt hatte, aber über keinerlei Expertise in der Presse- und Öffentlichkeitsarbeit verfügte. Die für mich neue Arbeitswelt in der Musikindustrie und der Umgang mit Journalisten, Künstlern und Musikern gefielen mir sehr gut. Meine Fähigkeit, auf andere Menschen zuzugehen, half mir, mich schnell zurechtzufinden. Die Zeit im Einzelhandel hatte mich gelehrt, anderen Menschen gut zuzuhören, ihre Bedürfnisse und Wünsche zu erfragen, ihnen meine ganze Aufmerksamkeit zu schenken. Darin unterschieden sich die Anfragen von Journalisten, mit denen ich sprach, nicht wesentlich. In dem Moment waren sie für mich Kunden, und sie merkten, dass ich mich ehrlich bemühte, ihre Wünsche zu erfüllen. Sie fragten nach Interviewterminen mit den Künstlern, die wir unter Vertrag hatten, nach Bild- und Textmaterial zu den neuesten Tonträgern. Ich zog immer mehr Aufgaben an mich, die ich selbstständig bearbeitete. Ich wurde immer mehr in die Organisation geplanter PR-Maßnahmen eingebunden. Meine ersten Pressetexte waren noch ein wenig unbeholfen. Ich lernte buchstäblich durch das Über-die-Schulter-Gucken die handwerklichen Grundkenntnisse von PR-Arbeit. Ich suchte den Kontakt zu erfahrenen Kollegen, bat sie um Unterstützung, las sämtliche Texte, die täglich produziert wurden, genau durch, begriff schnell. In meiner Freizeit besorgte ich mir alles, was ich über Öffentlichkeitsarbeit finden konnte, und sog die neuen Inhalte in mich auf. Bei der Vorbereitung und Durchführung großer Events entwickelte ich Ideen und fand Spaß daran, andere in Szene zu setzen, zum Beispiel die neuesten Tonträger von Peter Maffay oder Udo Lindenberg vor der Presse zu präsentieren. Jeder Tag bot mir Gelegenheiten, neue Menschen kennenzulernen und mein Netzwerk zu erweitern. In dieser Zeit entdeckte ich mein Talent, dass ich sehr gut mit Menschen umgehen kann. Nach und nach tauchte ich aus dem Tiefpunkt meines Lebens auf und verdiente auch endlich wieder Geld.

Der Gestaltungsfreiraum und das Zusammenspiel zwischen Marketing und Public Relations faszinieren mich bis heute. Die Zeit in der PR- und Öffentlichkeitsabteilung brachte mir Klarheit, danach wusste ich, dass Pressearbeit meine Passion werden würde. Der Sprung ins kalte Wasser, eine neue Aufgabe zu übernehmen, ohne die spezifischen Fachkenntnisse mitzubringen, sollte sich später in meinem Berufsleben als eine schicksalshafte Weichenstellung herausstellen, von der ich in diesem Moment jedoch noch nichts ahnte.

Kurz bevor mein Vertrag auslief, packte mich die Panik: Ich war seit Wochen auf der Suche nach einem neuen Job – in der Industrie, am besten in der PR. Aber auf alle Bewerbungen kamen nur Absagen, oder es gab überhaupt keine Antwort.

Die restlichen Urlaubstage, die mir noch zustanden, bevor ich ohne Anschlussjob dastand, verbrachte ich mit einer Freundin in Tirol. Nach ein paar Tagen lernten wir Reinhard aus Hamburg kennen, auch er war im Urlaub in Fulpmes. Ich saß neben ihm im Sessellift, wir kamen miteinander ins Gespräch und verabredeten uns auf einer Skihütte. Ein paar Stunden später saßen wir bei einem Glas Jagertee zusammen. Er erzählte, dass er in Hamburg bei Beiersdorf im Energiebereich arbeiten würde; er schwärmte von seinem Arbeitgeber.

Beiersdorf, das klang wie Musik in meinen Ohren, wie ein unerfüllbarer Traum. Hersteller von Produkten wie Nivea, tesa, Hansaplast – seit Generationen erfolgreich, solide, sympathisch und seriös. Sofort dachte ich an meine Liste mit den Zielen. Ich fragte Reinhard, ob es offene Stellen gäbe.

»Ja, es werden immer wieder Mitarbeiter eingestellt. Ich kann dir ja mal die internen Stellenausschreibungen schicken.«

Wir blieben tatsächlich in Kontakt. Die meisten Stellenangebote, die er mir zusandte, kamen allerdings aufgrund der erforderlichen fachlichen Voraussetzungen für mich nicht infrage. Meine Hoffnung schwand.

Doch eines Tages hielt ich eine Ausschreibung in der Hand, die mein Interesse weckte: Sekretärin im Rohstoffeinkauf. In mir wuchs der Gedanke, tatsächlich bei Beiersdorf einen Neustart zu schaffen. Um nicht vergeblich eine Bewerbung aufzusetzen, entschied ich mich, vorab anzurufen und zu klären, ob eine Bewerbung von außen überhaupt Sinn mache oder ob die Stelle bereits intern vergeben sei. Entschlossen wählte ich die Telefonnummer des Einkaufsleiters.

»Sie können sich gern bewerben«, informierte mich seine Sekretärin, die ans Telefon gegangen war.

»Können Sie mir vielleicht sagen, was die Aufgaben dieser Position sind?«

»Da fragen Sie genau die Richtige. Denn momentan bin ich die Stelleninhaberin. Ich wechsle innerhalb des Einkaufs zu unserem obersten Chef als Sekretärin, dort habe ich schon viele Jahre die Vertretung gemacht. Jetzt geht die derzeitige Sekretärin in den Ruhestand, und ich übernehme ihren Arbeitsplatz.«

»Ach, wie schön, ich gratuliere Ihnen zu Ihrer Beförderung.«

»Sie müssen sehr gut Schreibmaschine schreiben können, die Korrespondenz zum Teil eigenständig erledigen, Sie müssen auch stenografieren. Sprechen Sie Englisch? Können Sie gut mit Menschen umgehen, Reisen vorbereiten und abrechnen?«

Mir wurde mulmig. Ich sagte »Ja«, und fügte mit möglichst fester Stimme hinzu: »Bis auf meine Englischkenntnisse bringe ich alle Voraussetzungen mit.«

Dann berichtete ich kurz, welche zusätzlichen Erfahrungen ich aus dem Einkauf hatte und warum ich mich für diese Stelle interessierte. Ich erzählte ihr sehr offen meine Geschichte und fragte, ob ich überhaupt Chancen hätte, wo ich doch keinerlei Industrieerfahrung mitbrächte.

»Kommen Sie doch einfach mal vorbei, ich stelle Ihnen gern einen Termin mit meinem Chef ein.«

Das fing gut an.

Aufgeregt fieberte ich dem Vorstellungstermin entgegen. Um mich zu beruhigen, senkte ich meine Erwartung, dass es klappen könnte, und redete mir ein, mir das Ganze ja nur mal anschauen und erste Erfahrungen in Vorstellungssituationen sammeln zu wollen, sonst nichts.

Das Gespräch verlief ausgesprochen positiv. Der Leiter »Einkauf Rohstoffe« stellte mich tatsächlich ein. Obwohl mir ein paar Fähigkeiten fehlten – meine mangelnden Englischkenntnisse gehörten dazu –, glaubte er an mich, und ich begann am 1. Januar 1984 bei Beiersdorf. Aufgrund meiner Erfahrungen als Einkäuferin im Einzelhandel erhielt ich in seiner Abteilung nicht den Job als seine Sekretärin, sondern einen Arbeitsvertrag als Sachbearbeiterin. Ich verantwortete eigenständig den Einkauf von Parfums und Labor-chemikalien. Bei meiner Bewerbung hatte ich einen sehr unkon-ventionellen Weg gewählt, mein eigenwilliges Vorgehen passte in keine Norm. Ich hatte die Vorstellung entwickelt, in einem Indus-trieunternehmen zu arbeiten, und den Mut, dafür eine individuelle Lösung nach eigenen Maßstäben zu suchen, vielleicht auch, weil ich nichts zu verlieren hatte.

Die neuen Kolleginnen und Kollegen arbeiteten mich sorgfältig ein und gaben mir eine Chance. Auf einmal stand ich vor ganz neuen beruflichen Perspektiven, von denen ich mir zuvor kaum hatte vorstellen können, sie jemals zu erreichen. Zunehmend iden-tifizierte ich mich mit dem Unternehmen, fühlte mich willkommen in der Beiersdorf-Familie. In einer wertschätzenden Gemeinschaft angekommen, entstanden Freundschaften zu neuen Kollegen. Die Aufgaben fielen mir leicht, und die Anerkennung, die ich dafür er-hielt, steigerte mein Selbstbewusstsein. Die Probezeit bei Beiers-dorf verflog schnell. Die feste Anstellung mit einem Gehalt, wie ich es noch nie zuvor erhalten hatte, veränderte mein Leben positiv. Ich fühlte mich wunderbar selbstbestimmt, frei, unabhängig, und es beflügelte mich, Punkt zwei auf meiner Zieleliste anzugehen: den Traum von einer Eigentumswohnung.

Sich beim Machen entwickeln

In den nächsten zwei Jahren verlief bei Beiersdorf alles nach Plan, ich fühlte mich zunehmend sicher in meinen Aufgaben und aufge-nommen im Team. Manchmal vermisste ich die Zeit, in der ich in der Pressestelle der Schallplattenfirma gearbeitet hatte. Public Rela-tions, das blieb für mich ein Berufstraum. Nach der Frühstückspause schlenderte ich regelmäßig am Schwarzen Brett vorbei, verweilte dort kurz und las die internen Stellenausschreibungen. Eines Tages stockte mir fast der Atem. In der Presseabteilung wurde eine Referentin und Leiterin PR-Programme gesucht. Die Stelle war wie für mich gemacht. Erfahrungen bei Beiersdorf, Erfahrungen in der Presse- und Öffentlichkeitsarbeit. Das Schicksal gab mir eine neue Chance. Wie konnte ich mich darauf bewerben, ohne meinen aktuellen Job zu gefährden oder eine negative Reaktion meines jetzigen Chefs zu provozieren? Ich entschied mich für den Weg, den ich in der Vergangenheit schon mehrfach erfolgreich gegangen war: einfach anrufen.

Gleich beim ersten Versuch erreichte ich den Konzernsprecher. Er hörte mir aufmerksam zu, während ich meinen Werdegang erläuterte, und antwortete schließlich: »Ich hätte mir nicht vorstellen können, dass sich jemand mit Presseerfahrungen auf diese interne Stellenausschreibung bewirbt. Kommen Sie doch morgen bei mir vorbei.«

Das persönliche Gespräch am nächsten Tag endete mit den Worten: »Sie haben den Job, stellen Sie einen Versetzungsantrag. Ich sage der Personalabteilung Bescheid.«

Drei Monate später bezog ich mein neues Büro in der Öffentlichkeitsarbeit. Mit meinem neuen Chef fand ich eine Führungskraft, der diese Aufgabe täglich mit Leben erfüllte. Er setzte sich für seine Mitarbeiter ein, entdeckte Talente, förderte diese konsequent und forderte Eigeninitiative, die ich ja schon mit meiner wieder einmal eigenwilligen Bewerbung gezeigt hatte. Es sollte die prägendste und längste gemeinsame Arbeitsbeziehung meines Lebens werden.

Ich stellte fest, dass es einen enormen Unterschied macht, ob ein Chef seine Mitarbeiter in erster Linie nur als Arbeitskraft sieht und einsetzt. So hatte ich es bisher erlebt. Das hieß für mich: Ich kenne meine Aufgabe und werde daran gemessen, ob ich diese sehr gut, gut oder unzureichend erfülle. Bestehende Bonussysteme belohnen oder sanktionieren das Arbeitsverhalten und die erzielten Ergebnisse. Mein neuer Chef war anders. Ganz anders. Er hatte Freude daran, die Talente seiner Mitarbeiter gezielt voranzubringen. Für mich war es das erste Mal, dass ich in all meinen Facetten gesehen und unterstützt wurde.

Kurz vor Beendigung der Probezeit sagte mein Chef zu mir: »Frau Rousseau, die ersten sechs Monate sind sehr gut gelaufen, ich freue mich auf die weitere Zusammenarbeit mit Ihnen. Es ist ein bisschen schade, dass Sie nie in einer Zeitungsredaktion gearbeitet haben. Die Redaktionsabläufe und die Arbeit der Journalisten kennenzulernen, würde Ihre Akzeptanz bei den Medienvertretern erhöhen und Ihnen die Arbeit hier bei uns noch ein wenig erleichtern.«

Ich dachte ein paar Tage darüber nach, wie ich das Versäumte nachholen könnte. Kurzerhand griff ich abermals zum Telefonhörer, rief bei der Hamburger Journalistenschule an, stellte mich kurz vor und berichtete von dem Vorschlag meines Chefs. Manchmal denke ich, Risikobereitschaft ist die Eintrittskarte für mutiges Agieren – oder eine wesentliche Voraussetzung für Kreativität. Daran mangelte es mir jedenfalls nicht.

»So eine Anfrage hatte ich noch nie«, sagte die Sekretärin schmunzelnd. »Ich finde die Idee aber gut, einmal die andere Seite des Schreibtisches kennenzulernen. Ich bespreche Ihr Anliegen und rufe Sie in den nächsten Tagen zurück.«

Der Anruf kam zwei Tage später, und das Angebot faszinierte mich: Ich wurde eingeladen, für vierzehn Tage in der Redaktion der *Bild*-Zeitung in Hamburg mitzuarbeiten. Stolz stand ich im Büro meines Chefs, um ihm die gute Nachricht mitzuteilen. Er war sprachlos, was für einen erfahrenen Pressesprecher wie ihn eher eine Seltenheit war, freute sich über meine Initiative und darüber, dass es geklappt hatte. Er stellte mich für zwei Wochen frei.

Mein erster Tag in der *Bild*-Redaktion verlief bizarr. Bei der Registrierung erhielt ich einen Presseausweis, der mir das Gefühl verlieh, ab sofort als echte Journalistin arbeiten zu dürfen. Ich wurde dem Redaktionsleiter vorgestellt und dann im »Praktikantenzimmer« geparkt. Die anderen Praktikanten wirkten sehr beschäftigt. Ich erzählte kurz, wer ich war, was aber niemanden wirklich zu interessieren schien. Auf meine Frage, ob ich jemandem helfen könne oder ob mir jemand erklären könne, wie es für mich weitergehen würde, erfolgte ein knappes: »Setz dich hin und lies was. Wenn es etwas zu tun gibt, werden sie dich rufen.«

In der nächsten Stunde passierte nichts. Dann stand ein Mann in der Tür und fragte: »Wer von euch ist Manuela?«

Ich meldete mich.

»Okay, komm mit, nimm dir einen Block und etwas zu schreiben mit. Ich bin Andreas, der Fotograf. Wir haben einen Auftrag. Wir fahren zum Hamburger Jahrmarkt, zum Dom.«

Ehrfurchtsvoll saß ich neben Andreas in seinem Auto. »Sag mal, was machen wir auf dem Dom, der eröffnet doch erst in ein paar Tagen?«

»Kluges Mädchen, genau aus diesem Grund fahren wir ja dahin. Du berichtest darüber, was unsere Leser in diesem Jahr auf dem größten Volksfest Norddeutschlands erwartet.«

Auf dem Festgelände angekommen, machte mir Andreas noch klar, dass ich die Geschichte nicht vermasseln sollte.

»Ich erkläre dir, was ich warum fotografiere. Du notierst dir alle Fakten, die ich mithilfe der Fotos festhalten will. Wenn du jemanden interviewst, notiere den Vor- und Nachnamen, das Alter, den Beruf und wo die Person lebt, das Gleiche gilt, wenn ich eine Person ablichte. Verstanden?«

»Ja.«

Und schon ging es los: Andreas fotografierte einen älteren Mann, der auf einer Leiter stand und an der Dachkante einer Holzbude Glühbirnen einschraubte.

»Los, frag ihn, wie er heißt, wie viele Glühbirnen er heute schon eingeschraubt hat, wie viele er noch eindrehen muss, welche Farben die Glühleuchten haben, was genau in der Bude zu welchem Preis verkauft wird. Achte darauf, dass ich das Riesenrad auf dem

Foto im Hintergrund habe, sie werden dich fragen, wie teuer der Eintritt in diesem Jahr für das Riesenrad ist. Du solltest auch wissen, wie hoch das Riesenrad ist, welchen Durchmesser es hat und wie der Betreiber heißt.«

So ging es fast über eine Stunde. Dann stoppte Andreas auf einmal und sagte: »Das reicht. Ich habe nicht den ganzen Tag Zeit für Praktikanten.«

Wir fuhren zurück in die Redaktion, dort begann gerade die Redaktionskonferenz, in der festgelegt wurde, welche Themen in welcher Länge von wem bearbeitet wurden.

Mir wurde gesagt: »Schreib fünfzig Zeilen.«

Na prima, dachte ich, fünfzig Zeilen. Wie lang ist denn aber bloß eine Zeile?

Das sagte mir niemand.

Zurück im Praktikantenzimmer, versuchte ich zaghaft, mich in einen der Computer einzuloggen. Eine der anwesenden Praktikantinnen erbarmte sich und zeigte mir, was ich wissen musste, um ins System zu gelangen, den Beitrag zu schreiben und ihn abzuliefern. Zuerst wartete ich auf das Foto, das die Basis für die fünfzig Zeilen bilden würde. Das Schreiben auf Zeilenlänge ging mir flott von der Hand. Den endgültigen Text bearbeitete ich gemeinsam mit einem routinierten Redakteur: kleine Anpassungen, kurze Nachfragen, und der Text war freigegeben.

Mein erster Artikel erschien am nächsten Morgen in der Hamburger Lokalausgabe der *Bild*-Zeitung. Voller Stolz rief ich meinen Chef bei Beiersdorf an. Er gratulierte mir zu meinem Erstlingsbeitrag. Es folgten täglich neue Geschichten, ich führte Interviews, lernte zu recherchieren, das Archiv zu nutzen, verstand die Arbeitsabläufe in der Redaktion, nahm an Konferenzen teil und fand Spaß an der redaktionellen Arbeit. Am Ende des Praktikums erwartete mich ein völlig unerwartetes Angebot.

»Sie machen eine sehr gute Arbeit«, resümierte der Redaktionsleiter, »uns gefällt die Art, wie Sie Themen anpacken, Ihr Schreibstil ist kreativ, Sie recherchieren gründlich, trotzdem schnell, sind hartnäckig. Kurz, wir bieten Ihnen einen Arbeitsvertrag als Redakteurin an.«

Ich konnte es nicht fassen, dass etwas, das mir so leicht von der Hand ging, so viel Spaß machte, nämlich Geschichten zu recherchieren, Interviews zu führen und diese zu schreiben, tatsächlich mein Beruf werden könnte. Nach kurzer Überlegung entschied ich mich, bei Beiersdorf zu bleiben und zusätzlich für die Zeitung zu arbeiten. Was mit einem Praktikum begann, mündete in eine freie Mitarbeit. Von 1986 bis 1989 arbeitete ich, neben meinem Hauptjob bei Beiersdorf, an den Wochenenden als freie Redakteurin für die Lokalredaktion der *Bild*.

Bei Beiersdorf begrüßte mich unser Pressesprecher mit den Worten: »Sie gingen als meine Mitarbeiterin und kommen als meine Kollegin zurück.«

Mit meinem gestiegenen Einkommen in der neuen Funktion als Pressereferentin und dem Zusatzverdienst bei der Zeitung konnte ich endlich meine Schulden abzahlen und gleichzeitig Geld ansparen, um Punkt zwei auf meiner Zieleliste, die Eigentumswohnung, anzugehen.

Bei der Verschriftlichung meiner Ziele hatte sich bewährt, alles immer sehr konkret zu formulieren, statt etwa pauschal zu schreiben: »Ich kaufe mir eine Wohnung.« Ich plante deshalb diesen nächsten Punkt sehr akribisch. Welche Summe könnte ich finanzieren? In welcher Umgebung könnte ich mir die Wohnung leisten? Außerhalb von Hamburg war schon damals Wohnraum deutlich günstiger. S-Bahn-Nähe, damit ich kein Auto bräuchte, dann wären wohl fünfzig Quadratmeter drin. Am besten ohne Makler, um die Gebühren zu sparen. Ich war bereit, die Hälfte von meinem Nettoeinkommen in die Abzahlung der Immobilie zu investieren, zu erwartende Gehaltsanpassungen und Steuervorteile würden diesen anfänglich hohen prozentualen Teil mittelfristig zu meinen Gunsten vermindern. Ich war mir bereits zu diesem Zeitpunkt sicher: In fünfundzwanzig Jahren würde ich ohne Mietkosten und ohne Hypothekenzahlungen wohnen können.

Nur ein Jahr später stand ich in meiner Traumwohnung nordwestlich von Hamburg: ausgebautes Dachgeschoss, Erstbezug, S-Bahn-Nähe, sechzig Quadratmeter auf zwei Ebenen, ohne Makler. Diese Wohnung sollte mein Eigenheim werden.

Auf ein Ende folgt immer auch ein Anfang

Mein Werdegang war sowohl von Hindernissen als auch von hilfreichen Menschen und glücklichen Ereignissen geprägt. Ich wusste nicht von Anfang an, was ich wollte, und gerade zu Beginn meiner beruflichen Laufbahn hatte ich oft das ungute Gefühl, ins eiskalte Wasser springen zu müssen, ohne die beste Schwimmerin zu sein.

Ich weiß, dass ich damit nicht allein bin. Frauen meinen oft, alles gleich perfekt können zu müssen. Nur selten gestehen sie sich eine Lernkurve zu.

Das ist aber eine sehr ungünstige Ausgangssituation für beruflichen Erfolg, der immer Wachstum erfordert.

Karriere ist eine Lernkurve

Neue berufliche Aufgaben sind nicht nur eine hervorragende Möglichkeit, vorhandene Erfahrungen einzubringen, sondern eignen sich gleichzeitig dafür, das eigene Wissen zu erweitern. Die Sprossen der Karriereleiter sind letztlich Stufen, an denen wir wachsen. Jede Stufe bedeutet, die inneren Grenzen, wer auch immer sie gesetzt haben mag, zu sprengen. Berufliche Entwicklung ist eine lebenslange Lernkurve für jeden Menschen. Wir alle müssen in unsere Aufgaben hineinwachsen, das gilt für Männer und Frauen.

Gute und schlechte Erfahrungen gehören dazu, und auch wenn wir es nicht mögen: Wir lernen nun mal mehr aus schlechten Erfahrungen. Ich kann mich nur für jede schwierige Erfahrung bedanken, selbst wenn ich oft an mir zweifelte, gelitten habe oder Tränen flossen.

Mit meinem eigenwilligen beruflichen Werdegang möchte ich deutlich machen, dass sich die Kluft zwischen »überqualifiziert für das Bestehende« und »noch nicht ausreichend qualifiziert für das Neue« mit Eigeninitiative und Aktion überwinden lässt. Kein Mensch kann oder muss alles sofort können, auch Frauen nicht. Wir dürfen uns eine Entwicklung zugestehen – und wir müssen das tun, damit mehr Frauen in höchste Führungspositionen gelangen.

»Darf ich das überhaupt machen?« Diese Überlegung gehört nicht zu meinem Fragenkatalog, wenn ich vor neuen beruflichen Herausforderungen stehe. Ich frage mich stattdessen: »Wie kann ich das machen? Was brauche ich dafür? Wer kann mir dabei helfen?« Danach kommt die Zieleliste zum Einsatz, mit der ich detailliert den Weg umreiße, um dahin zu gelangen, wo ich hinwill. Ich kann das nur jeder Frau mit auf den Weg geben: Schau auf dein Potenzial, nicht auf die Defizite. Verlass die Komfortzone, plane genau, wie du dein Ziel erreichen willst und wer dir dabei helfen kann. Schriftlich. Verbindlich. Das schafft Sicherheit im Unsicheren und ein gutes Gefühl.

Mein Chef und Mentor war ein wichtiger Sparringspartner an vielen Stationen meiner Lernkurve. Ohne ihn wäre ich vielleicht heute nicht dort, wo ich bin. Seine Unterstützung und der Glaube an meine Fähigkeiten haben mir Mut gemacht und Kraft gegeben. Ich wünsche jeder Frau ein solches Gegenüber. Männlich oder weiblich, das spielt keine Rolle. Karriere im Alleingang ist ein steiniger Weg. Sich an Vorgesetzten abzuarbeiten, die das eigene Potenzial im Team nicht fördern oder gar schmälern – das kostet wertvolle Energie, die sich besser in sinnvolle Projekte einbringen lässt.

Eigenverantwortung beginnt für mich dort, wo wir unsere inneren Grenzen selbst erkennen und uns diese nicht von anderen vorgeben lassen. Ich akzeptiere Grenzen, aber erst dann, wenn ich ausprobiert habe, wo diese für mich genau liegen, wenn ich die Sinnhaftigkeit einer scheinbaren Grenze erkenne. Ich akzeptiere sie nicht, bloß weil »es schon immer so war«, oder aus Prinzip oder weil eine andere Person behauptet, dass ich etwas nicht könne. Ich gebe mich mit Haut und Haaren in Situationen, um mich mit jeder Überschreitung meiner eigenen Grenze weiterzuentwickeln. Ich will mich ausprobieren und sowohl an den Herausforderungen als auch an einem möglichen Scheitern wachsen. Und will auch Misserfolge als Lernkurve und als Zwischenstation sehen, die mich letztlich stärken. Je besser ich mich kenne und verstehe, warum ich wieder und wieder nach einem gleichen Muster reagiere, je mehr ich mir dabei auf die Schliche komme, desto mehr traue ich mir zu. Ich hatte erkannt, dass die selbstzweiflerische Stimme in mir mehr meiner Erziehung entstammte als meinem Charakter. Das half mir, spontan zum Hörer zu greifen und Sachen auszuprobieren, statt mich infrage zu stellen. Ich werde weiterhin risikobereit sein und weit über meine Grenzen gehen. Ich bin bereit, den Preis dafür zu bezahlen. Das heißt: Ich übernehme das Risiko, scheitern zu können, danach stehe ich aber auf und fange jeden Tag von vorne an.

Genau das habe ich nach dem Konkurs wie auch nach der verlorenen Aufsichtsratswahl getan. In beiden Fällen habe ich die wichtige Erfahrung gemacht, dass Scheitern eine überaus wertvolle Lektion sein kann. Seitdem spornen mich Niederlagen an, es erneut zu versuchen und nicht aufzugeben. Wenn ich eine Situation nicht ändern kann, akzeptiere ich sie. Für die Wahl zur Aufsichtsrätin bedeutete dies, es entweder bei dem einmaligen Versuch zu belassen, aus dem ich neue wichtige Erfahrungen mitnehmen durfte. Oder den ersten respektablen Anlauf zu nutzen, um fünf Jahre später erneut zu kandidieren.

Ich habe mich für Letzteres entschieden und die darauffolgenden Jahre genutzt, um fachliche Kenntnisse für die Mitwirkung in einem Aufsichtsrat zu erwerben und persönliche Netzwerke weiter auszubauen – ohne genau zu wissen, ob es überhaupt einen neuen Versuch geben würde.

Für mich gilt stets: Nach dem Spiel ist vor dem Spiel – es gibt immer eine zweite Chance. Über Grenzen zu gehen ist eine wunderbare Möglichkeit, sich auszuprobieren, die eigenen Fähigkeiten zu testen. Die Niederlagen, die einem dabei unweigerlich widerfahren können, schmerzen, aber sie sind im Leben auch wichtige Meilensteine: Wer in der Lage ist, eine schmerzhafte Erfahrung ehrlich zu reflektieren, wird daraus gestärkt hervorgehen, wird daran wachsen und besser werden.

Die wenigsten von uns bekommen das optimale Werkzeug mit auf den Weg. Allerdings erwartet auch niemand, dass wir uns ein Leben lang mit dem zufriedengeben, was man uns in die Hand gegeben hat. Ganz im Gegenteil, es liegt an uns, ob wir unsere Werkzeuge erneuern, sie schärfen oder – ganz pragmatisch – das eine gegen ein anderes austauschen.

Dieser Mut zur Risikobereitschaft ist idealerweise verbunden mit einer gewissen Portion Trotz und Ungehörigkeit. Der Duden definiert »ungehörig« als »nicht den Regeln des Anstands entsprechend«. Frauen, die ihren Weg risikobereit gehen, verletzten geltende soziale Regeln, die sich über Jahrhunderte entwickelten und die ihre Wirkung bis heute beibehalten haben. Die Kämpferinnen unter unseren Vorfahrinnen haben mutig alle Nachteile in Kauf genommen und uns den Pfad geebnet, den wir genauso mutig weitergehen sollten.

Risikobereitschaft bedeutet aber ebenso: ein gesundes Selbstwertgefühl, eine eigene Vorstellung und einen eigenen Willen zu haben. Wir dürfen auf eigene Faust und nach eigenem Ermessen handeln, Verantwortung übernehmen, entschlossen und konsequent sein. Wir müssen uns und unsere Motivation gut kennen, zuerst an uns denken, unsere Potenziale einteilen, uns nicht überfordern, damit wir nicht aus der Spur kommen. Mit Standfestigkeit können wir andere führen, sie begleiten und sie mitnehmen. Fortschritt wird nicht von konformistischen Frauen gemacht. Sondern von eigenwilligen, mutigen, eben ungehörigen Frauen.

3
MUT,
SICHTBAR ZU SEIN

Aus dem eigenen Schatten
heraustreten

Frauen haben heute alle erdenklichen Möglichkeiten zur Entfaltung ihres Potenzials, zumindest in den westlichen Ländern: Sie können die Schule besuchen, studieren und Karriere machen. Und doch ist der Anteil an Frauen in gehobenen Führungspositionen erschreckend gering.

Die Beratungsfirma McKinsey lieferte in ihrer Zehn-Jahres-Studie »Women Matter« folgende Ergebnisse: Frauen machen 50 Prozent der Weltbevölkerung aus, erwirtschaften aber lediglich 37 Prozent des Bruttoinlandsprodukts (BIP). Weltweit werden 25 Prozent der Managementpositionen von Frauen gehalten, doch je weiter es nach oben geht, desto weniger sind sie dort vorzufinden. In den Vorständen der wichtigsten Industrienationen sitzen lediglich 17 Prozent Frauen. In Deutschland sind es etwas über sieben Prozent, wie der zweite Women-on-Board-Index (WoB) 185 von FidAR (Frauen in die Aufsichtsräte) aus dem Jahr 2018 nachweist. In den Aufsichtsräten sieht das Ergebnis anders aus, denn dort ist seit September 2015 die Quote verpflichtend, was den

Anteil der Frauen im Schnitt um knapp 30 Prozent hat ansteigen lassen.

Ein Grund für diese traurige Bilanz liegt teilweise an der berühmten gläsernen Decke, an die Frauen auf dem Weg nach oben stoßen. Machen wir uns nichts vor: Auf dieses Hindernis können Frauen trotz aller Kompetenz im Moment nur bedingt einwirken. Solange Männer über die Vergabe von Top-Positionen entscheiden, wird sich daran kaum etwas ändern.

Worauf wir aber Einfluss nehmen können, ist unsere eigene Sichtbarkeit. Frauen sind auf dem Spielfeld der Businesswelt angekommen, aber viele von ihnen, auch die in gehobenen Positionen, stellen ihr Licht unter den Scheffel und agieren zu sehr im Verborgenen. Die zaghaften Frauen trauen sich nicht, das Wort zu ergreifen, sie unterschätzen die Wirkung, die sie erzeugen, wenn sie mutig eine Diskussion eröffnen oder in eine Debatte einsteigen. Deshalb ist es mir ein besonderes Anliegen, Frauen zu ermutigen, aus ihrem Schattendasein, aus ihrer Bescheidenheit und Zurückhaltung herauszutreten. Denn die »Women Matter«-Studie stellt auch eine gute Bilanz in Aussicht: Das weltweite Bruttoinlandsprodukt wäre 2025 um 28 Billionen US-Dollar höher, wären Frauen gleichberechtigt am Arbeitsmarkt beteiligt. Das sind doch motivierende Aussichten!

Von meinen Mentees und auch aus eigenen Erfahrungen weiß ich, dass der Gedanke an Sichtbarkeit Frauen zunächst oft abschreckt. Sie scheuen das Licht der Öffentlichkeit. Aber: So wie unsere Augen Zeit brauchen, um sich nach Dunkelheit ans Helle zu gewöhnen, so braucht auch das Sich-sichtbar-Machen Zeit – und Training.

Das Wort ergreifen

Warum fällt es vielen Frauen schwer, sich sichtbar zu machen? Warum gelingt es ihnen nicht immer, sich Gehör zu verschaffen? Die Prägung, still zu sein, sitzt tief. Historisch betrachtet, haben wir uns das Rederecht mühsam erkämpfen müssen. Um das zu verstehen, lohnt es sich, einen Blick in das Buch *Frauen & Macht* der britischen Historikerin Mary Beard zu werfen. Da heißt es: »Wenn es darum geht, Frauen zum Schweigen zu bringen, hat die westliche Kultur Jahrtausende praktischer Erfahrung.« Im antiken Griechenland war die öffentliche Rede den Männern vorbehalten. Frauen durften über den Lauf der Geschichte nur dann das Wort ergreifen, wenn es um Familie, Kinder und Haushalt ging. An kreativen Beiträgen oder Lösungsvorschlägen von ihnen, was die Geschehnisse der Welt anbelangt, schien kaum jemand interessiert zu sein. Erst 1908 erhielten die Frauen in Deutschland mit dem Reichsvereinsgesetz die Möglichkeit, politischen Vereinen oder Parteien beizutreten – und damit auch die Chance, öffentlich das Wort zu ergreifen. Meine Mutter hatte nicht gelernt, sich zu Wort zu melden. »Mädchen verhalten sich ruhig, sie sagen nur etwas, wenn sie gefragt werden«, lautete ihre Botschaft, die sie in ihrer Erziehung zu hören bekam und die sie ungefiltert an mich weitergab.

Wie habe ich es erlebt, aus meinem Schatten herauszutreten? In meiner Anfangszeit bei Beiersdorf bewunderte ich auf großen Konferenzen, auf Podiumsdiskussionen immer die Menschen im Publikum, die sich einfach zu Wort meldeten und kluge Fragen stellten. Das würde ich mich nie trauen, dachte ich dann immer und fragte mich, was mir daran so gefiel. Im Lauf der Zeit fiel mir auf, dass diese Menschen sehr geschickt und methodisch vorgingen: Sie meldeten sich, standen auf, stellten sich ohne Umschweife vor und sagten dann so etwas wie: »Ich finde großartig, wie Sie das eben formuliert haben, würde aber gern noch etwas anmerken. Für mich ergibt sich daraus folgende Frage …« Mein Herz raste schon beim Zuhören solcher Wortmeldungen, und der heimliche Wunsch, ich könnte mich auch zu Wort melden, erschien mir in diesen Momenten unvorstellbar.

Also beobachtete ich vorerst still, dabei wuchs der Mut in mir, es selbst mal zu probieren. Irgendwann versuchte ich es dann auch, während einer Konferenz. Mit der gleichen Vorgehensweise, die ich mir abgeschaut hatte: aufstehen, sich vorstellen, ein Lob aussprechen für das, was man gehört hat, anschließend eine sehr genaue Frage stellen und sich am Ende bedanken. Ich habe überlebt – und dabei die gute Erfahrung gemacht, dass das erste Mal am schlimmsten ist und ich mich nach und nach an die Sichtbarkeit gewöhnte.

Aus der Anonymität des Publikums herauszutreten, ist ein Sich-Erheben in doppeltem Sinne: Ich stehe auf und mache mich sichtbar. Mir hat es immer sehr imponiert, wenn Menschen diesen Mut hatten, der mir damals völlig fehlte. Die einen können das, weil sie das Talent dafür besitzen. Die anderen haben es durch ihre Erziehung gelernt. Und wieder andere, so wie ich, suchen woanders Orientierung.

Und es funktioniert! Deshalb werde ich nie müde, Frauen zu sagen: »Sich zu Wort zu melden, kann man lernen.« Ich habe angefangen, mir das abzuschauen, schon bevor ich PR gemacht habe. Mir hat diese Übung geholfen, zu verstehen, dass man öffentliches Reden methodisch angehen kann und dass es vor allem einen Mehrwert für andere hat. Denn ich stehe auf, um eine Frage zu stellen, die vielleicht auch anderen unter den Nägeln brennt, die sich aber nicht trauen, ihre Stimme zu erheben. Die Methodik hinter der Methodik ist letztlich, die Aufmerksamkeit von der eigenen Angst hin auf die Vorbilder zu richten und sich zu fragen: »Was muss ich tun, damit ich das auch kann?«

Je mehr wir das Sichtbarmachen trainieren, desto mehr nimmt die Aufregung ab und desto professioneller treten wir auf. Mit größerer Erfahrung lernen wir, uns besser zu kontrollieren. Und die Kontrolle verhilft zu mehr Selbstsicherheit und Souveränität.

Zu Beginn meiner beruflichen Laufbahn hätte ich mir nicht vorstellen können, auf einer Bühne zu stehen, um Preisverleihungen oder Podiumsdiskussionen zu moderieren, Seminare zu geben oder Vorträge zu halten. Mittlerweile gehört das für mich zum beruflichen Alltag und macht mir Freude. Das ging nicht von heute auf morgen, ich habe mich prozesshaft erprobt: erst in einem kleinen Meeting, dann in einer größeren Runde und schließlich auf einem Seminar oder einer Konferenz.

Ich kann verstehen, dass es Überwindung kostet, sich zu Wort zu melden. Wenn man gerade ins Berufsleben startet oder einen neuen Job übernimmt, dann ist alles, was um einen herum passiert, ungewohnt. Ohne Erfahrung und Routine, egal auf welcher Hierarchiestufe, ist jeder erst einmal der Neuling – eine Situation, die mich anfangs oft ängstlich machte, weil ich nicht wusste, ob ich mich gleich blamiere. Oder weil ich mir erst gar nicht das Recht zugestand, einem kompetenten Menschen eine Frage zu stellen. Schließlich kann man auf einen Schlag die eigene Unwissenheit entlarven.

Das ist mir sogar noch unlängst in einer Aufsichtsratssitzung passiert. Wir sprachen über Vergütungssysteme von Vorständen, ein sehr vielschichtiges Thema, das ich und auch andere, wie ich von Kollegen im Vorfeld wusste, nicht in allen Details verstanden hatten. Die Systematik konnten wir daher nicht nachvollziehen.

Ich stellte dazu eine Frage und merkte, bevor ich fertig war, dass der Aufsichtsratsvorsitzende ebenfalls registriert hatte, wie wenig ich das Thema bisher durchdrungen hatte. Mist, dachte ich, und ließ die Sache erst einmal dabei bewenden. Nach einer Weile meldete ich mich erneut: »Mir ist aufgefallen, dass ich und offenbar auch andere hier am Tisch die Komplexität des Systems noch nicht ganz verstanden haben. Das haben Sie ja auch eben an meiner Frage gemerkt.« Der Aufsichtsratsvorsitzende grinste. Ich auch. »Das ist kein Zustand, mit dem ich gut leben kann. Wenn ich darüber mitentscheiden will, muss ich die Dinge komplett erfasst haben. Was können wir tun, damit ich und auch wir als Gruppe die Systematik besser überblicken können? Ist es beispielsweise möglich, noch ein paar Erläuterungen von Ihnen oder anderen Kompetenzträgern zu bekommen?«

Wenige Tage später erhielten die interessierten Aufsichtsratsmitglieder durch einen Experten eine umfassende Einführung in das Thema.

Ich darf zeigen, dass ich etwas nicht weiß, muss aber damit souverän umgehen. Ich darf als Aufsichtsrätin Wissensdefizite haben, muss aber sicherstellen, die Lücken zu schließen. Wie kann ich sonst meiner Verantwortung als Repräsentantin der Arbeitnehmerseite nachkommen, wenn ich etwas nicht verstehe? Wie soll das gehen? Ich habe die moralische Verpflichtung nachzufragen, um kluge, sinnvolle und nachhaltige Entscheidungen zu treffen. Lieber blamiere ich mich, als das Vertrauen der Menschen, die mich gewählt haben, zu enttäuschen.

»Ach, ich weiß gar nicht, ob ich weitermachen soll«, sagte vor Kurzem eine befreundete Aufsichtsrätin zu mir. »Ich habe immer das Gefühl, ich kann gar nichts bewirken. Man bringt sich ein, aber man ändert gar nichts.«

Ich lächelte die Kollegin an und antwortete: »Genau das Gefühl habe ich seit zwanzig Jahren.« Doch es ist ein Irrglaube, davon auszugehen, nur weil man eine Meinung in die Diskussion einbringt, dass sich sofort etwas änden könnte. Eine solche Erwartungshaltung ist falsch. So funktioniert Aufsichtsrat nicht. Aus meiner Sicht säen wir mit allem, was wir inhaltlich einbringen, das Korn, um in Diskussionen eine neue Richtung einzuschlagen oder sie um weitere Punkte zu bereichern, um Aspekte hinzuzufügen, die vielleicht noch nicht gesehen oder geäußert wurden. Meine Erfahrung in zwanzig Jahren als Aufsichtsrätin: Jedes Saatkorn hat das Potenzial, sich zu entwickeln. Oder auch nicht. Ich erlebe oft, dass sich aus einem ersten Impuls eine intensive Auseinandersetzung ergibt. Manches Saatkorn braucht jedoch etwas mehr Zeit und geht zu einem anderen Zeitpunkt an anderer Stelle auf. Im Aufsichtsrat diskutiert eine Gruppe Menschen aus unterschiedlichen Perspektiven. Jeder argumentiert aus einer anderen Erfahrung. Und erst dadurch, dass wir Frauen nicht mit unserer Meinung hinter dem Berg halten, sondern nachhaken oder nach der Sitzung den kritischen Austausch suchen, entsteht ein wertvoller Dialog.

Es ist wichtig für Frauen, sich im privaten Alltag wie im Beruf zu Wort zu melden, statt schweigend teilzunehmen. Frauen sind in Meetings und Konferenzen oft viel zu leise. Frage ich meine Mitarbeiterinnen, argumentieren sie manchmal, die Männer ließen sie nicht zu Wort kommen. Aber wenn dem so wäre, liegt es dann nicht an uns, dies zu ändern? Sollten wir uns dann nicht das Rederecht nehmen? Ehrlich gesagt: Schweigen ist keine Lösung. Ich gehe doch nicht in eine Sitzung, um zu schweigen. Das macht überhaupt keinen Sinn. Sich bewusst in eine Debatte einzubringen, gibt uns die Chance, die eigene Kompetenz zu präsentieren, uns Respekt zu verschaffen und Veränderungen mitzugestalten.

Übrigens führen unterschiedliche Meinungen zu besseren Ergebnissen. »Meinungsverschiedenheiten sind die Essenz eines guten Meetings und Garant für seine Produktivität«, stellt der US-amerikanische Autor Patrick Lencioni in seinem Buch *Tod durch Meeting* fest. Er empfiehlt, unbedingt seine Meinung zu äußern, statt aus falschem Harmoniebedürfnis allem zuzustimmen. Wer sich auf Termine gut vorbereitet hat, kann sich gelassen zu Wort melden. Wenn ich keinen relevanten Beitrag einbringen kann, bleibt mir immer noch, eine hilfreiche Frage zu stellen, etwas Gesagtes zusammenzufassen oder um einen Aspekt zu ergänzen.

Wir nennen es »sich zu Wort melden«, meinen damit aber im übertragenen Sinne einen wesentlichen Beitrag zu leisten, um eine Diskussion oder die Lösung eines Problems voranzubringen. Jeder Satz, jeder Einwand, jede Frage ist dabei ein wertvolles Puzzleteil, das ein Gesamtbild ergibt. Was ich damit sagen will: Jede Stimme zählt. Melden wir Frauen uns nicht zu Wort, fehlen Teile, nämlich unsere individuellen Sichtweisen, im Gesamtbild.

Vielleicht ist dein Gedanke der Impuls, der bei einem anderen im Team einen neuen, zündenden Gedanken auslösen kann. Die einzelnen Teile mögen erst einmal nicht zusammenpassen, aber der

Austausch aller Meinungen wird sie ordnen und so einen Sinn erschaffen.

Ich sehe Frauen in der Rolle der Nachfrager. Frauen sollten sich viel mehr trauen, die Nachhaltigkeit von Beschlüssen und Entscheidungen zu überprüfen. Der Bedarf, das Bedürfnis nach Erklärungen sollte auch andere ermutigen, eine offene Perspektive einzunehmen. Traut euch nachzufragen, tiefer zu gehen und den Sinn, den Nutzen und die Auswirkung einer Lösung zu überprüfen.

Die Ermutigung, auch das sichtbar zu machen, was man nicht weiß, und einen Weg zu finden, das auszugleichen, ist elementar für Gruppen aller Hierarchieebenen. Nur so erreichen wir, dass die einzelnen Mitglieder zielorientiert arbeiten können, statt herumzudoktern.

Sichtbar werden heißt letztlich: authentisch sein. Und authentisch sein heißt: sich zeigen mit all seinen Stärken und Schwächen. Mit all der Persönlichkeit, aber auch mit all den Defiziten, die jeder Mensch hat. Diese nicht verbergen zu wollen, sondern sie sich offen und ehrlich vor Augen zu führen. Diese Arbeit an uns selbst verhindert, dass wir uns hinter einer Mauer des Schweigens verstecken. Das ist befreiend.

Ich bin nicht von heute auf morgen aus meinem Schatten herausgetreten. Warum ich das betone? Weil Frauen oft denken, sie müssten alles von Anfang an perfekt machen. Das müssen sie aber gar nicht. Sie müssen nur lernen wollen. Mit dem Einstieg in die professionelle Medienarbeit überlegten mein Chef und ich anfangs, wie ich in die Rolle einer Pressesprecherin hineinwachsen kann. Ich musste nicht vom ersten Tag an große Interviews geben, sondern konnte mich in kleineren Bereichen ausprobieren. Hier war mein Chef erneut ein wunderbarer Sparringspartner, der mich auf dem Weg in die öffentliche Sichtbarkeit begleitete. Mit seiner Unterstützung fiel es mir leicht, in Potenzialen statt in Defiziten zu denken.

»Morgen haben Sie doch das Interview mit dem *Hamburger Abendblatt* zum Thema: Wie präsentieren wir uns als familienfreundliches Unternehmen?«, fragte er.

Dann sahen wir die Kernaussagen durch, die ich vorbereitet hatte. Was waren die sozialen Faktoren, die unser Unternehmen auszeichnete? Wie wollten wir in der Öffentlichkeit wahrgenommen werden? Wir setzten gemeinsam inhaltliche Schwerpunkte: Über Jahrzehnte wurde ein Fundament für soziale Verantwortung und eine familienfreundliche Ausrichtung bereits im 19. Jahrhundert durch Dr. Oscar Troplowitz gelegt. Er, der 1890 eine von Paul Carl Beiersdorf gegründete Firma für therapeutische Hautpräparate in Hamburg übernahm und danach eng mit Beiersdorf zusammenarbeitete, galt als Prototyp eines sozialen Unternehmers. Er verbesserte die Arbeitsbedingungen bei Beiersdorf, richtete 1902 Stillstuben ein, die es Müttern ermöglichte, nach der Geburt schnell wieder ihre Tätigkeit aufzunehmen. Einen gesetzlichen Mutterschutz gab es damals noch nicht. Später folgte die Eröffnung eines Betriebskindergartens, hinzu kam kostenloses Kantinenessen für die Mitarbeiter. Unser Unternehmen war somit immer Vorreiter gewesen, was das Soziale betraf, beste Voraussetzung für das Interview. Anschließend dachten wir uns Schlagzeilen aus, die wir gern gelesen hätten. Zum Schluss besprachen wir mögliche Fallstricke.

Nach Erscheinen des Beitrags folgte Manöverkritik. Wir sahen uns den Artikel gemeinsam an. Mein Chef merkte an, was gut war und was sich noch verbessern ließ. Dann fragte er mich, ob die Situation komfortabel war oder ob ich mich an irgendeiner Stelle unsicher gefühlt hätte. War das der Fall, wollte er wissen, was ich noch bräuchte, um souverän zu sein.

»Ich glaube, mir würde in dieser Phase ein Rhetoriktraining helfen«, schlug ich vor. Gesagt, getan.

Je häufiger ich für Beiersdorf Interviews gab, umso mehr wuchs mein Bedürfnis, das professionell und nicht nur aus dem Bauch heraus zu tun. Mit steigender Verantwortung als Pressesprecherin nimmt zwangsläufig die Komplexität der Themen zu und die Kommunikation gestaltet sich herausfordernder. Für einen DAX-Konzern vor die Kamera zu treten, erfordert eine Präsentation auf höchstem Level. Ein falsches Statement – und das Unternehmen, für das man spricht, kann erhebliche wirtschaftliche Probleme bekommen.

Um mich weiterzuentwickeln, suchte ich mir Experten. Ich wollte ein Sprechtraining, meine Körpersprache und Rhetorik optimieren, mich bei meinen Outfits beraten lassen. Diese Menschen unterstützten mich dabei, meinen öffentlichen Auftritt zu professionalisieren. Wohin mit den Händen, worauf den Blick richten, wie schnell sprechen, was anziehen? All diese Fragen mögen zunächst banal klingen, in einem stressigen Interview, in einer entscheidenden Situation muss das alles aber geklärt sein, damit man sich auf die Inhalte konzentrieren kann und nicht von der Sorge um die äußere Wirkung abgelenkt wird.

Auch heute frische ich meine Kenntnisse immer wieder auf, sei es, weil innovative Technologien zum Einsatz kommen oder die Kommunikationskanäle der sozialen Medien neue Herangehensweisen erfordern. Die Welt ändert sich, also muss ich mich weiterentwickeln. Lebenslanges Lernen ist ein Must, im PR-Bereich und in nahezu jedem anderen Berufsfeld.

Im Übrigen spreche ich hier nicht nur von Fernsehauftritten. Jede Form von Sichtbar-Werden, ob in Vorträgen, Vorlesungen oder Aufsichtsratssitzungen, überall positionieren wir uns neben dem gesprochenen Wort auch mit der Sprache des Körpers. Letztlich geht es darum, sich souverän und sicher zu präsentieren. Und den Menschen, die man ansprechen möchte, zu signalisieren, dass man weiß, wovon man redet, dass man kompetent ist. Genauso wichtig ist, sich bewusst zu machen, vor oder mit wem wir sprechen. Der Ton macht nicht nur die Musik, er unterstützt ebenso dabei, dass wir den Empfänger inhaltlich erreichen.

Auch wenn es mir anfangs schwerfiel, sichtbar zu sein, macht mir Öffentlichkeit heute sehr viel Spaß. Ich moderiere gern und liebe es, Vorträge zu halten. Was ich allerdings nicht besonders mag: live vor laufender Kamera Position zu beziehen. Ich habe immer großes Lampenfieber und muss sehr viel Energie aufbringen, um mich souverän zu zeigen. In Liveinterviews weiß man nie, welche Frage der Reporter als Nächstes stellen wird. Ich scheue diese unmittelbare Situation nicht, gehe aber auch nach Jahren der Praxis mit sehr viel Respekt in solche Gespräche, weil man gut vorbereitet sein muss auf etwas, das man nicht wirklich kennt. Es geht dabei einfach um viel Verantwortung in der Sache. Der Liveauftritt hat ja nichts mit mir persönlich zu tun. Ich repräsentiere mein Unternehmen und muss das bestmöglich tun.

Um dieser Aufgabe gerecht zu werden, habe ich auch ungewöhnliche Kurse besucht, zum Beispiel ein Schlagfertigkeitstraining oder einen Improvisationstheater-Workshop. Ich erinnere mich noch, wie ich einmal im Theaterraum herumlaufen musste, während mir die Trainerin ein Wort gab, zum Beispiel »Cocktail«, das ich im Gehen erweitern musste: Cocktailglas, Cocktailkleid, Cocktailstunde, Molotowcocktail ... Die Trainerin zählte mit, wie viele Begriffe ich in einer Minute ausspucken konnte. Anfangs blieb ich immer wieder stehen, um nachzudenken, aber bereits nach kurzer Zeit sprudelten die Begriffe aus mir heraus, während ich weiterlief. Dieses spielerische Training förderte meine Spontaneität und meine Beweglichkeit im Kopf in Livesituationen. Heute meistere ich Livegespräche im Fernsehen, auch wenn sie wahrscheinlich nie zu meinen Lieblingsbeschäftigungen zählen werden.

Sich zu Wort zu melden, ist für Frauen Pflicht. Die Werbetrommel für sich selbst zu rühren, Kür. Als PR-Spezialistin weiß ich, wovon ich spreche. Ich bin überzeugt, dass wir eine ganze Menge lernen können aus dem Public-Relations-Handwerkszeug für unser persönliches Bild in der Öffentlichkeit. PR folgt ganz eigenen Regeln. Egal, ob ich für eine Hilfsorganisation, für Fundraising-Projekte, für ein Produkt, für ein Unternehmen oder für eine Person Öffentlichkeitsarbeit verantworte, das Ziel aller PR-Maßnahmen bleibt gleich: Sympathie, Glaubwürdigkeit und Kompetenz zu vermitteln. Dieses »magische Dreieck der PR« erzeugt Sichtbarkeit, erhöht die Bekanntheit und erweckt beim Gegenüber Vertrauen.

Wie aber setzen Frauen Sympathie, Glaubwürdigkeit und Kompetenz um? Du musst dich zunächst einmal fragen, für welche Kompetenz(en) du stehst: Wodurch ist ersichtlich, dass du in einem bestimmten thematischen Feld wirklich Expertin bist? Hast du Projekte erfolgreich umgesetzt? Welche Expertise hast du gesammelt, welche Referenzen kannst du vorweisen?

Glaubwürdigkeit ist letztlich die Folge von Kompetenz. Und Sympathie entsteht, wenn du mit Freude und Leidenschaft über dein Thema sprichst, wenn du ebenso interessant wie persönlich erzählst und einen Sinn vermittelst, dem deine Begeisterung zugrunde liegt. Das wird seine Wirkung nicht verfehlen. Damit wir uns richtig verstehen: Public Relations hat nichts mit Oberflächlichkeit zu tun, das magische Dreieck ist keine Einmalaktion, sondern es gilt, sich jeden Tag mit Sympathie, Glaubwürdigkeit und Kompetenz zu präsentieren. In dieser Haltung liegt der wesentliche Schlüssel, auf Dauer Vertrauen zu gewinnen und zu halten. Diese innere Verlässlichkeit macht dich zu einer Marke, macht dich authentisch und damit unverwechselbar.

Mein Förderer und Chef setzte diese Methode Jahrzehnte erfolgreich für Beiersdorf um und wurde mehrfach vom *prmagazin*, einem Magazin der Kommunikationsbranche, zum besten Pressesprecher Deutschlands gewählt. Er war es auch, der mir beibrachte, dieses Prinzip für mich persönlich anzuwenden, der mir half, in der Öffentlichkeit aufzutreten, Interviews zu geben oder mich zu Themen, zu denen ich etwas beitragen konnte, zu Wort zu melden. Für die Printmedien hatte ich dies schon gleich nach dem Start als PR-Referentin getan, da machten mir Gespräche mit Journalisten Spaß, und ich absolvierte diese mit Gelassenheit. Aber Fernsehen, diese Form der totalen Sichtbarkeit, war mir nicht geheuer.

Eines Tages kam besagter Chef in mein Büro, und mit einem charmanten Lächeln eröffnete er mir: »Ich habe ein Problem. Ich habe morgen bei einer Podiumsdiskussion im NDR zugesagt, bin aber terminlich verhindert. Könnten Sie das nicht übernehmen?«

Ich schaute ihn entgeistert an, dachte im selben Moment, ich müsste ihn gleich ermorden.

»Wunderbar.« Er hatte mein Schweigen als Ja interpretiert und verließ den Raum.

Ehrlich gesagt, ich glaube heute, dass das ein Trick von ihm war, weil er genau wusste, dass ich immer wieder erfolgreich versucht hatte, nur nicht vor die Kamera zu müssen. Bisher war er immer für Fernsehauftritte zuständig gewesen, ohne Ausnahme. Und nun hatte er plötzlich keine Zeit mehr und ich ein Problem.

Sofort übernahmen die Selbstzweifel die Regie: Wer sind die anderen in der Sendung? Was werden die mich fragen? Und was, wenn ich keine Antwort weiß? Oder wenn einer der Gäste mich auf dem Kieker hat und mich vorführen will? Eine Aufzeichnung wäre die kleinere Übung gewesen. Aber gleich beim ersten Mal live!?

Frauen trauen sich oft nicht, eine klare Position vor Millionen von Zuschauern zu beziehen, die man weder sieht noch kennt und von denen man nicht weiß, was sie über einen denken. Kritiker lauern überall. Das erfordert eine wirkliche Resilienz. Um sich vor die Kamera oder in eine große Runde zu wagen, setzen wir gern voraus, uns im Thema ganz sicher fühlen zu müssen, die eigene Sichtbarkeit schon erprobt zu haben. Tatsächlich ist es in Livemomenten nicht ratsam, ohne Training den Sprung ins kalte Wasser zu wagen. Der Sprung ist immer wieder wichtig, aber man sollte zuvor prüfen, wie tief und wie kalt das Wasser ist. Und erst dann entscheiden, wie sicher man sich in den Untiefen bewegt.

Leider hatte ich dazu keine Zeit.

Ich erinnerte mich an das magische Dreieck und sagte mir: »Ich werde ganz ich selbst sein und versuchen, kompetent, glaubwürdig und sympathisch rüberzukommen.«

Frauen werden immer noch anders bewertet als Männer, und zwar jenseits unserer Kompetenz. Ob Angela Merkel oder Alice Schwarzer, die optische Beurteilung von Frauen steht ziemlich oft im Vordergrund: zu hässlich, zu dick, falsche Kleidung, schlechte Frisur … Mit all dem sehen sich Frauen auch konfrontiert, wenn sie ihre Stimme erheben. Ein streitbarer Mann, der hart argumentiert, wird wohlwollend bewertet, unabhängig von seinem Äußeren. »Das ist seine Rolle, das muss er tun«, heißt es dann meist. Reagiert eine Frau ähnlich, wird sie als zu emotional kritisiert. Die Beurteilung von toughen Männern und toughen Frauen kann sehr unterschiedlich ausfallen. Die einen sind Superhelden, die anderen Zicken, um es etwas verkürzt zu formulieren.

Doch zurück zu meiner Nagelprobe: Alle Befürchtungen, ich würde mich verhaspeln, nicht in die Kamera schauen, vor Schreck kein Wort herausbringen oder die Sache, für die ich angetreten war, nicht gut rüberbringen, trafen nicht ein. Alles lief glatt, und nach der Sendung fühlte ich mich für einen Augenblick fast schon wie ein PR-Profi. Mein erster Liveauftritt im Fernsehen war erfolgreich – und ich ab diesem Moment öffentlich sichtbar.

»Ach, ich habe Sie gestern im Fernsehen gesehen«, begrüßte mich der freundliche Kollege am Empfang in der Beiersdorf-Zentrale gleich am nächsten Morgen. Vom Hausmeister über die Kollegen bis zu den Herren im Vorstand, die nicht wussten, dass ich für meinen Chef in der Sendung war – sie alle hatten mich die nächsten Tage im Blick. Sogar der damalige Vorstandsvorsitzende hatte die Sendung beim Abendbrot mit seiner Frau gesehen und rief spontan an, um mir zu sagen, dass ihm der Auftritt sehr gut gefallen habe.

»Ich habe dich im Fernsehen gesehen, du hast das sehr souverän gemacht«, sprach mich ein paar Tage später auch eine Kollegin an. Sie hielt nachdenklich inne und fügte dann hinzu: »Aber hast du gar keine Sorge, dass andere es dir neiden, wenn du dich so öffentlich präsentierst?«

»Das ist doch Teil meines Jobs, warum sollte mich jemand darum beneiden, wenn ich den Job gut mache?«

»Die anderen könnten doch denken, du willst etwas Besseres sein.«

Ich atmete tief durch und sagte mit so viel Überzeugungskraft, wie ich nur in meine Stimme legen konnte: »Ich befürchte, dass diejenigen, die so denken, es mir nicht sagen werden. Und wenn, würde ich antworten: Es ist meine Aufgabe, meinen Job so gut wie möglich zu machen. Public Relations bedeutet, ich stehe aktiv im Vordergrund, das gehört zu meinem Job als Pressesprecherin.«

Dieser kurze Austausch machte mir bewusst, dass ich in meiner Rolle als Pressesprecherin von anderen nicht nur über meine Position wahrgenommen werde, sondern ebenso als Frau, die aus der Reihe tanzt und sich sichtbar macht. Hätte ich diese Sichtbarkeit auch gesucht, wenn es um Manuela als Mensch und nicht um Manuela Rousseau, die Pressesprecherin, gegangen wäre?

Plötzlich ging mir ein Licht auf, und ich verstand, was mit dem Argument »Die anderen könnten doch denken, du willst etwas Besseres sein« wirklich gemeint war. Viele Frauen scheuen die Öffentlichkeit auch, weil sie sich nicht in den Vordergrund spielen, weil sie nicht besser als die anderen sein wollen. Sie verbinden damit das Gefühl, in der Folge aus einer weiblichen Solidargemeinschaft ausgeschlossen zu werden.

Eine befreundete Journalistin berichtete mir, wie schwer es ist, eine kompetente Frau als Interviewpartnerin vor die Kamera zu bekommen.

»Achte mal darauf, wie wenige Frauen tatsächlich Interviews geben. In den meisten Talkrunden oder in Nachrichtensendungen findest du überwiegend Männer. Das liegt nicht daran, dass es diese Frauen nicht gäbe. Frauen reagieren nur völlig anders, wenn ich sie in eine Talkrunde einlade. Sie bitten um Zeit, wollen prüfen, ob sie bestehende Termine verlegen können, wollen sich erst einmal mit ihrem Chef oder der Pressestelle abzustimmen. Sie zögern fast alle. Männer hingegen entscheiden blitzschnell: ›Ja, ich habe Zeit.‹ Manchmal fragen sie nicht einmal nach, um welches Thema es sich handelt.«

Das typische Ja von einem Mann, der eine Chance wittert, sich sichtbar zu machen, kommt sehr viel schneller als bei einer Frau. Männer ergreifen meist jede Möglichkeit, um ihre Kompetenz zu unterstreichen, ihre Bekanntheit und damit ihren Marktwert zu erhöhen.

Auch wenn das Bewusstsein gestiegen ist, dass Frauen durch öffentliche Sichtbarkeit ihre Bereitschaft signalisieren, Verantwortung zu übernehmen, können sie sich noch eine Scheibe von den Männern abschneiden. Mit dem Mut, sich sichtbar zu machen, helfen sie nicht nur sich selbst, sondern sie werden zum Vorbild von Frauen, ermutigen diese, es ihnen gleichzutun, und geben dem Vorurteil, Frauen wollten nur etwas Besseres sein, erst gar keinen Raum. Wann immer ich Kolleginnen, Mentees oder Freundinnen erlebe, die sich sichtbar machen, schreibe ich ihnen eine kurze Nachricht und zeige Respekt für ihr Vorgehen. Und wenn ich von vakanten Stellenangeboten höre, dann habe ich immer zwei, drei Frauen im Hinterkopf, die für eine höhere Position infrage kommen und die ich aktiv empfehle. So geht weibliche Solidarität.

Deine Marke ist, was Menschen über dich sagen, wenn du nicht im Raum bist. Diese Definition bringt ziemlich gut auf den Punkt, warum eine persönliche Markenpräsenz für Menschen wichtig ist, das gilt sowohl für Frauen als auch für Männer, die im Rampenlicht stehen.

Jeder erfolgreiche Künstler, Politiker, Wirtschaftsboss, der in der Öffentlichkeit steht, wird zu einer Persönlichkeit beziehungsweise »Marke« aufgebaut – bewusst von PR-Agenten konzipiert und gesteuert. Im Mittelpunkt der Fragestellung steht dabei: Wofür soll der »PR-Gegenstand« stehen? Über welche Kommunikationskanäle werden definierte Zielgruppen erreicht? Welche Storys können erzählt werden, die für die Medien Relevanz haben?

Was eine Marke ausmacht: ein klarer Markenkern, der eine eindeutige Botschaft vermittelt, sowie ein stimmiges Erscheinungsbild. Eine Marke vermittelt Verlässlichkeit und Kontinuität. Sie kommuniziert eindeutige Erwartungen, die sie nicht enttäuscht.

Auf Menschen übertragen heißt das für mich: den Mut finden, individuell zu sein, sich in seiner Einzigartigkeit, mit allen Ecken und Kanten, von anderen abzuheben. Wer bin ich? Wofür stehe ich? Was kann ich besonders gut? Wie sehen mich andere? Und wie will ich gesehen werden? Diese Fragen verbinden die Selbst- mit der Fremdwahrnehmung zu einem stimmigen Markenbild. Zu einer Persönlichkeit.

Markenpräsenz heißt nicht, sich zu verstellen, gekünstelt zu sein oder ein falsches Lächeln aufzusetzen. Es bedeutet Authentizität, eben das gelebte magische PR-Dreieck: Sympathie, Glaubwürdigkeit und Kompetenz.

Im Lauf meines Berufslebens habe ich, was persönliche Markenbildung angeht, gelernt, wie wichtig neben meiner fachlichen Kompetenz mein persönliches Auftreten ist und welche Signale ich meinen Gesprächspartnern über das, was und wie ich es sage, vermittle. Ich möchte im Kontakt mit anderen Menschen auch ein gutes Gefühl erzeugen. Selbst wenn wir ein komplexes oder unangenehmes Thema bearbeiten, sollen sie gewahr sein, dass ich gemeinsam mit ihnen nach einer guten Lösung suchen werde.

Ich bringe positive Energie mit, achte auf eine offene, selbstbewusste Körperhaltung, lächle die Menschen an. Ich sehe sie zuerst in ihrer Stärke und sage etwas Freundliches, etwas Verbindliches, stelle Fragen und halte bewusst Augenkontakt. Meine Worte vermitteln Kompetenz wie auch Empathie, mein Gesichtsausdruck, meine Gesten zeigen meine Aufrichtigkeit, ebenso fühle ich das mit meinem Herzen. In einem Dialog konzentriere ich mich voll auf das Gespräch, jede Ablenkung ist das Ende einer zugewandten Unterhaltung. Beim konzentrierten Zuhören sowie beim emphatischen Gespräch geht es nicht um zweckbestimmte Techniken, sondern um eine Grundhaltung zum Menschen. Ich stelle eine Verbindung zu meinen Mitmenschen her: Privat wie auch im Kreis meiner Kollegen, Geschäftspartner und Vorgesetzten.

Bei PR geht es nicht um Werbung. Public Relations setzt, wie schon erwähnt, auf den konsequenten Umgang mit Kommunikation in der Öffentlichkeit und ist auf langfristige Wirkung aus: Es geht dabei um den Aufbau eines positiven und authentischen Image mit dem Ziel, dass Menschen eine gute Meinung zu dem Unternehmen, den Produkten oder den handelnden Personen entwickeln. Im Gegensatz zur direkten Werbung erfolgt sie indirekt über Mittelspersonen wie Journalisten oder über Influencer. Hier entscheidet der Informationswert und die professionelle Zusammenarbeit mit den Multiplikatoren in der Medienlandschaft. Werbung hingegen ist ein Teil von Marketing und bedeutet, gegen Bezahlung in unterschiedlichen Medien eine breite Wahrnehmung zu erreichen, um das Kaufverhalten der Kunden zu beeinflussen und den Absatz von Produkten zu erzielen.

Ein einfaches Bild macht die Wirkung und Abgrenzung zwischen Werbung und Public Relations plastisch: Stell dir vor, du lernst einen Mann kennen und weißt, er verbringt seine Mittagspause meist im nahen Stadtpark, wo er auf einer bestimmten Bank sein Sandwich isst. Du könntest dort hingehen, neben ihm Platz nehmen und ihm in schillernden Farben beschreiben, was für eine tolle Frau du bist und so weiter. Hat das etwas mit Glaubwürdigkeit, Kompetenz und Sympathie zu tun, ist das das magische Dreieck? Nein, das ist wohl eher der Versuch einer Beeinflussung durch Eigenwerbung.

Wie wäre es, wenn du deinen besten Kumpel bittest, sich mittags mal zufällig auf die Parkbank neben den Mann zu setzen und ihm von dir zu erzählen: Was er an dir mag und warum du eine tolle Frau bist. Wenn er damit Neugierde oder Interesse erzeugt, kann er den Kontakt zu dir herstellen. So funktioniert PR bei einer Marke oder einer Persönlichkeit: Andere sprechen gut über das Produkt, in dem Fall über dich, und du erzielst im optimalen Fall eine positive Reaktion.

Warum ist es wichtig, sich diese Differenzierung von Werbung und Public Relations vor Augen zu führen? Weil der Hype um Influencer so hoch ist, dass sich das Prinzip zwischen bezahlter Werbung und Public Relations langsam immer stärker vermischt.

Beide, Werbung und Public Relations, geschickt miteinander verknüpft, erzielen die besten Resultate. Das Management von Helene Fischer spielt perfekt auf dieser Klaviatur. Die Anzahl der Auftritte, die CD-Erfolge, die vielen Preise, ausverkaufte Konzerte und ihr Privatleben ergeben das öffentliche Bild der Sängerin, ihre Persönlichkeit. Das Ergebnis kann sich sehen lassen: Auf der *Forbes*-Liste der bestverdienenden Musikerinnen der Welt belegte sie 2018 Platz acht mit einem Jahresverdienst von 32 Millionen US-Dollar. Helene Fischer ist eine der beliebtesten deutschen Marken im Schlagergeschäft, sie steht für Glaubwürdigkeit, Sympathie und Kompetenz, mit und ohne Florian Silbereisen.

Das Wichtigste für Frauen ist, zu verstehen, nicht zurückhaltend zu sein, sondern Wege zu suchen, um Sichtbarkeit zu erzielen, um sich zu Wort zu melden. Es geht darum, einen inhaltlichen Standpunkt zu kommunizieren, der Menschen dazu veranlasst, sich über ein Thema mit dir zu verbinden. Einen Markencharakter auszustrahlen, der Glaubwürdigkeit dauerhaft belegt. Wir können das Scheinargument: »Es gibt nicht genug Frauen für die Top-Posten« aushebeln – durch mehr Sichtbarkeit, bewusste Eigen-PR und gegenseitiges Empfehlen. Manchmal stelle ich mir vor, was passieren würde, wenn wir Frauen ganz gezielt und voller Begeisterung über andere Frauen sprechen würden. Wäre das nicht auch ein Weg, um unsere Sichtbarkeit gegenseitig deutlich zu erhöhen?

Beziehungsmanagement durch Netzwerken

Wir alle kennen Menschen, die über eine hervorragende Ausbildung verfügen und trotzdem nicht vorankommen. Tatsache ist, dass Karriere von weitaus mehr Faktoren abhängt als von einer fundierten Ausbildung. Leistung und Kompetenz allein geben nicht den Ausschlag. In einer Umfrage unter 12 000 deutschen Unternehmen fand das Nürnberger Institut für Arbeitsmarkt- und Berufsforschung (IAB) heraus: Jede dritte Stelle wird über persönliche Kontakte vergeben. Bei kleinen Firmen sogar nahezu jede zweite. Meiner Erfahrung nach trifft das auch für einzelne Projekte zu.

Vor allem Frauen unterschätzen, wie stark der persönliche Bekanntheitsgrad oftmals darüber entscheidet, ob sie befördert werden, einen Auftrag erhalten oder einen Job bekommen. Sie nutzen den Hebel des systematischen Netzwerkens nicht genug, obwohl genau dies den beruflichen Erfolg maßgeblich positiv beeinflusst.

Strategisch Kontakte knüpfen

1988, zu Beginn meiner Beiersdorf-Laufbahn im PR-Bereich, wir waren noch weit weg von Mobiltelefonen, Google, Facebook und sozialen Medien, erteilte mir mein Chef mal wieder eine Lektion fürs Berufsleben.

»Morgen Abend gehen wir zum Redaktionsfest der *Hamburger Morgenpost*.«

»Warum?«, fragte ich.

»Na ja, Sie lernen die Hamburger Society kennen, wir trinken ein Glas Wein. Wir unterhalten uns mit Journalisten und Branchenkollegen. Das ist nett, ganz entspannt.«

Am Morgen des Sommerfests machte ich mir wenig Gedanken, vielleicht gerade einmal, was ich wohl anziehen sollte, nicht ahnend, dass diese Veranstaltung für mich zu einem Schlüsselerlebnis werden würde. Auf dem Fest angekommen, standen wir anfangs, genauso wie ich es erwartet hatte, in einer kleinen Gruppe herum. Mein Chef stellte mir ein paar Leute vor. Wunderbar, dachte ich, um uns herum über tausend Persönlichkeiten aus Politik, Medien und Wirtschaft, alle mehr oder weniger prominent, und ich mittendrin. Aus dem Augenwinkel beobachtete ich einige der VIPs, die ich bisher nur aus dem Fernsehen kannte.

Dann sagte mein Chef aus heiterem Himmel: »So, wir sind nicht nur zum Vergnügen hier, sondern um Leute kennenzulernen. In einer Stunde treffen wir uns wieder an dieser Stelle, bis dahin versuchen Sie, drei neue Kontakte zu knüpfen und Visitenkarten auszutauschen.«

Mir gefror trotz der sommerlichen Temperaturen das Blut in den Adern.

»Aber ich kann doch nicht einfach wildfremde Menschen ansprechen.« Ich war empört. Der Gedanke, mich einfach bei jemandem, den ich nicht kannte, vorzustellen, fühlte sich für mich entsetzlich an.

»Public Relations heißt kontakten, nun zeigen Sie mal, was Sie draufhaben«, erwiderte mein Chef, dann drehte er sich um und ließ mich einfach stehen.

Ich empfand die anderen Gäste als souverän, witzig, charmant und locker, und ich dachte: Alle haben sofort Anschluss, bloß ich nicht. Ihnen gegenüber fühlte ich mich unbedeutend und langweilig. Eine Frau, die eben noch in Begleitung war, die eigentlich nichts zu sagen hatte und sowieso das Gefühl hatte, falsch angezogen zu sein. Da stand ich nun verloren, absolut unwichtig und uninteressant. Hilfe suchend schweifte mein Blick über die Menge, gequält von einem einzigen Gedanken: Ich würde es nie fertigbringen, einfach eine fremde Person anzusprechen.

Ein paar Minuten verharrte ich so in meiner Schockstarre, dann entschied ich mich, die Herausforderung anzunehmen. Irgendwie war es meinem Chef doch gelungen, meinen Ehrgeiz zu wecken. Wer weiß, überlegte ich jetzt, vielleicht konnte das ja auch ganz lustig werden. Nicht zögern, motivierte ich mich selbst, und hielt fürs Erste Ausschau nach einer vertrauten Person. Kurz darauf entdeckte ich in der Menge den Pressesprecher einer Hamburger Versicherung, mit dem ich schon häufig zu tun hatte. Ich steuerte direkt auf ihn zu.

»Hallo, wie geht es Ihnen?« Es folgte ein kurzer Small Talk, dann fragte ich: »Darf ich Sie um etwas bitten?«

»Gern, was kann ich für Sie tun?«

»Nun ja, ich kenne hier kaum jemanden. Und mein Chef hat mich aufgefordert, in der nächsten Stunde mindestens drei Visitenkarten zu sammeln. Ich habe keine Ahnung, wie ich das anstellen soll. Kennen Sie vielleicht ein paar Leute, die Sie mir vorstellen könnten?«

Grinsend stimmte er zu.

So kam es, dass ich eine Spitzenkandidatin der Grünen im Hamburger Parlament kennenlernte. Das klappte ja hervorragend, und es war auch irgendwie einfach gegangen, es hatte sogar Spaß gemacht. Nach einer weiteren Visitenkarte von einem bekannten Fernsehjournalisten sagte mein »Kontaktmann«: »So, das schaffen Sie jetzt auch ohne mich.«

Alles klar, die letzte fehlende Visitenkarte würde ich mir allein organisieren. Ich schaute mich nach weiteren bekannten Gesichtern um. Nichts. Nach Personen, die allein herumstanden. Nichts. Also beschloss ich, mir etwas zu trinken zu holen, und bewegte mich auf die Weintheke zu. Während ich in der Schlange wartete, drehte ich mich zu dem Herrn um, der sich hinter mir angestellt hatte. Hamburgs Erster Bürgermeister Dr. Henning Voscherau. Ich gratulierte ihm zu seiner erst kürzlich erfolgten Wahl, stellte mich vor und erwähnte, dass ich mich gerade ehrenamtlich für den Förderkreis »Rettet die Nikolaikirche e. V.« engagierte und ihn sehr gern einmal über unsere Pläne informieren würde. Er signalisierte Interesse, und wir tauschten unsere Visitenkarten.

Stolz überreichte ich meinem Chef nach Ablauf der Stunde die drei Visitenkarten. Ganz nebenbei hatte ich ein Grundprinzip der Public Relations verinnerlicht: PR bedeutet, andere für sich oder für ein Anliegen zu gewinnen. Und ich hatte außerdem den Mut gefunden, auf fremde Personen zuzugehen und mit ihnen ein Gespräch zu beginnen.

Im Nachhinein war ich richtig froh, dass mein Chef mich an diesem Abend wieder einmal ins kalte Wasser geworfen hatte. Hätte er mir am Tag zuvor gesagt, was er mit mir vorhatte, wäre es um meine Nachtruhe geschehen gewesen. Wahrscheinlich hätte ich die ganze Zeit darüber nachgedacht: Um Himmels willen, wie soll ich denn das machen? Und was soll ich über mich erzählen? Ich bin doch nun wirklich unwichtig und außerdem noch nicht lange als Pressereferentin bei Beiersdorf tätig.

Ohne jede Vorwarnung und Vorbereitung verlor sich durch das spontane Erlebnis dieser praktischen Übung meine Befangenheit. Das Gefühl von Unwohlsein beim aktiven Netzwerken währte nur kurz. Danach fiel es mir von Mal zu Mal leichter, auf andere Menschen zuzugehen. Gleichzeitig las ich voller Wissbegierde jedes Buch, das sich mit der Theorie des Kontaktens und mit Kommunikation beschäftigte, jeden Artikel, den ich in die Finger bekam. Ich verinnerlichte das Prinzip des Netzwerkens.

Beim Aufbau von erfolgreichen Beziehungen geht es darum, sich zu fragen: Wie werde ich für andere Menschen interessant? Für welche Themen und Kompetenzen stehe ich? Was verbinden die Menschen mit mir? Was will ich erreichen? Wenn ich an einem Abend mit einer Person in Kontakt kommen möchte, überlege ich mir, was sie interessiert, wer mich mit ihr bekannt machen könnte und warum ich sie kennenlernen möchte. Auch beim Netzwerken als Beziehungsmanagement ist es wichtig, einen eigenen Stil zu entwickeln und authentisch zu bleiben.

Erstaunlicherweise betreiben viele Frauen zu wenig gezielte Beziehungspflege. Sie verschwenden Zeit auf falschen Veranstaltungen, mit den falschen Leuten, nur weil es an einer Beziehungsstrategie fehlt.

Nehme ich eine Einladung an, versuche ich, wie seit dem Sommerfest gelernt und verinnerlicht, mindestens drei neue Personen kennenzulernen. Ich motiviere mich ganz bewusst, indem ich mir vorstelle, alle Menschen im Raum freuen sich, dass ich auf sie zukomme und ein Gespräch beginne.

Eine Kollegin fragte mich einmal: »Das klingt schön, aber wieso tust du das?«

»Wenn ich mich auf diese Weise motiviere, strahle ich es auch aus. Es ist ein Unterschied, ob ich mich gut fühle oder ob ich mich nicht gut fühle. Warum sollten sich die Leute mit mir langweilen? Dann wäre ich besser zu Hause geblieben. Ein Netzwerktermin soll den Menschen einen Sinn vermitteln, und sie sollen Spaß haben. Denn genau das möchte ich in einer solchen Situation auch erleben.«

Im Lauf der Jahre habe ich aufgehört, zwischen privaten und beruflichen Kontakten oder nach Hierarchien zu unterscheiden. Ich mag Menschen und erlebe jede neue Begegnung als ein Geschenk. Dabei spielt es keine Rolle, ob sich daraus später etwas entwickelt oder nicht. Jeder Mensch, mit dem ich ins Gespräch komme, ist für mich eine Quelle der Inspiration. Ich lasse mich unvoreingenommen auf andere Sichtweisen ein und habe Freude daran, etwas Ungewöhnliches zu hören und meinen eigenen Blickwinkel zu überprüfen. Mit dieser Form der Offenheit ist es leicht, den persönlichen Horizont zu erweitern. Es ist eine gute Schule, um festgefahrene Standpunkte zu überdenken oder neu zu justieren.

Ich praktiziere Netzwerken auch »passiv«, indem ich jeden Menschen, dem ich begegne, gedanklich in mein Netzwerk einordne. Inzwischen habe ich einen Mechanismus entwickelt, der ähnlich wie ein Computerprogramm funktioniert: Automatisch wird dann danach gesucht, ob in meinem vorhandenen Netzwerk Personen sind, die für einen neuen Kontakt interessant sein könnten. Sollte dies der Fall sein, lege ich gern mein Netzwerk offen und bringe potenzielle Partner zusammen. Die wichtigste Regel dabei: Für jede Geste, für jedes gute Gespräch, für Unterstützung, die mir jemand zuteilwerden lässt, bedanke ich mich in dem Bewusstsein, später etwas zurückzugeben. Das hat dazu geführt, dass ich mich reich beschenkt fühle, besonders an Vertrauen, das mir entgegengebracht wird.

Die Arbeit in der Public Relations hat mich gelehrt, gezieltes Netzwerken erfolgreich einzusetzen. Netzwerken ist ein Handwerk, das sich trainieren lässt. Mit jedem Kontakt wächst das Vertrauen in die einige Kontaktfähigkeit, und nebenbei füllt es das Adressbuch.

Auf dem Sommerfest zuzugeben, dass ich neu in dem PR-Job bei Beiersdorf war, mag manchen Menschen vielleicht nicht professionell erscheinen, aber offen und ehrlich auf Menschen zuzugehen, hat seine Wirkung nie verfehlt. Wenn du das Risiko nicht eingehst, dich zu blamieren oder andere zu irritieren, kannst du keine gute und schon gar keine neuen Erfahrungen machen. Im

Gegenteil: Du machst keine oder schlechte Erfahrungen, weil du dich nicht aus deiner Komfortzone traust.

Mit der Zeit wurde ich immer sicherer und besser im Kontakten. Ich erkannte, dass Beziehungen langsam aufgebaut, ausgebaut, gepflegt und miteinander verknüpft werden müssen. Manchmal entstanden aus dem beruflichen Kontext wunderbare private Freundschaften.

Das Prinzip der Reziprozität

Ist es unmoralisch, Menschen systematisch kennenzulernen, weil sie einem nützlich sein könnten? Nein, schon Otto von Bismarck handelte nach dem lateinischen Leitspruch: »*Do ut des* – ich gebe, damit du gibst.« Geschieht dies allerdings einseitig, wird jemand nur benutzt oder schlimmstenfalls sogar ausgenutzt. Dies ist eine sehr kurzfristig gedachte Vorgehensweise. Diese Art des Networking durchschauen die Beteiligten schnell, und es besteht die Gefahr, sich selbst zum Außenseiter zu machen.

Jeder Mensch ist einzigartig, und seine individuelle Persönlichkeit zu entdecken und sichtbar zu machen, ist eine wesentliche Voraussetzung, um beruflichen Erfolg zu haben. Nehmen wir an, eine Kulturmanagerin folgt dem Ruf nach Hamburg, um dort die Geschäftsführung eines Filmfests zu übernehmen. Sie kennt sich in Hamburg nicht aus. Dann sind Netzwerkkontakte in der fremden Stadt Gold wert. Diese oder ähnliche Situationen lassen sich nahezu für jeden Beruf konstruieren. In der wachsenden Flexibilität und Mobilität des Berufslebens sind wir mehr und mehr auf ein funktionierendes Beziehungsmanagement angewiesen. Von erfolgreichen Menschen wissen wir, dass sie in der Regel über ein ausgezeichnetes Netzwerk verfügen. Ein Netzwerk von Kontakten, über das sie frühzeitig an Informationen gelangen und das sie für sich selbst und für ihren Arbeitgeber nutzen können. Erfolg kann auf die Formel »Leistung und strategisches Netzwerken« gebracht werden und auf das magische Dreieck der PR, bestehend aus Glaubwürdigkeit, Kompetenz und Sympathie.

Netzwerken heißt für mich, Sympathien zu gewinnen, Kontakte zu knüpfen und zu pflegen, Menschen an meinem Netzwerk partizipieren zu lassen, ihnen bei Bedarf mein Wissen und meine Erfahrung zur Verfügung zu stellen – kurz: in Beziehungen auf eine Balance zwischen Geben und Nehmen im Sinne einer Reziprozität zu achten.

Der US-amerikanische Wissenschaftler Robert B. Cialdini, der das menschliche Verhalten erforscht, stellt in seinem Buch *Die Psychologie des Überzeugens. Ein Lehrbuch für alle, die ihren Mitmenschen und sich selbst auf die Schliche kommen wollen* die Reziprozitätsregel vor. Diesem theoretischen Hintergrund von Beziehungsmanagement kommt eine elementare Bedeutung zu.

Reziprozität bedeutet Wechselseitigkeit. Der Begriff stammt aus dem 16. Jahrhundert und ist aus dem lateinischem *reciprocus* entlehnt, was so viel wie »auf demselben Weg zurückgehend« bedeutet. Gemeint ist damit eine Verpflichtung zur Gegenseitigkeit, die in allen menschlichen Gesellschaften existiert.

»Nach Erkenntnissen von Soziologen und Anthropologen«, so führt Cialdini aus, »ist die am stärksten verbreitete Norm der menschlichen Kultur die Reziprozitätsregel. Diese Regel besagt, dass Menschen versuchen sollen, sich für das, was sie von anderen bekommen, zu revanchieren. Indem der Empfänger einer Sache zur Gegenleistung verpflichtet wird, schafft die Reziprozitätsregel die Voraussetzung dafür, dass man anderen etwas in der Zuversicht zukommen lässt, dass es nicht verloren geht. Das durch die Regel vermittelte Gefühl, etwas schuldig zu bleiben, wenn man etwas bekommen hat, ist die Grundlage für verschiedene Formen des menschlichen Miteinanders, die auf einem ausgeglichenen guten Verhältnis von Geben und Nehmen beruhen und die allesamt sehr nützlich für die Gemeinschaft sind. Daher wird allen Mitgliedern der Gesellschaft schon in der Kindheit beigebracht, sich an die Regel zu halten, wenn sie sich keine ernsthaften sozialen Konsequenzen einhandeln wollen.«

Wir alle haben diese Regel tief in uns verwurzelt, und sie funktioniert nahezu wie ein unbewusster Mechanismus. Wie reagierst du, wenn du einem anderen Menschen zum Geburtstag ein Geschenk überreichst? Du hoffst, eine Freude zu bereiten. Dein Gegenüber nimmt dein Geschenk an, legt es jedoch achtlos zur Seite, zeigt weder Freude noch Dank. Auch später erfolgt keine Reaktion. Die gleiche Situation anders: Der Beschenkte bewundert die liebevolle Verpackung, nimmt sich Zeit, packt das Geschenk in deiner Gegenwart aus und erkennt voller Freude an, dass du dir Gedanken gemacht hast. Es geht nicht darum, Dankbarkeit zu heucheln, es geht darum, den Akt des Beschenkens anzuerkennen.

Nur wer wirklich ehrliches Interesse an seinen Mitmenschen hat, ist für andere auch interessant. Dale Carnegie, US-amerikanischer Kommunikations- und Motivationstrainer, formulierte es in seinem Buch *Wie man Freunde gewinnt* so: »Sie können sich in zwei Monaten mehr Freunde schaffen, indem Sie sich ernstlich für andere Menschen interessieren, als in zwei Jahren mit dem Versuch, andere Menschen für sich zu interessieren. Oder anders gesagt: Man schafft sich einen Freund, indem man selbst einer ist.«

Was ist die Basis für reziprokes Beziehungsmanagement? Sich Zeit nehmen sowie Respekt, Interesse und Anerkennung zeigen. Das alles setzt Einfühlungsvermögen und Vertrauen voraus.

»Nur wer sich für andere interessiert, ist interessant«, lautet eine alte Volksweisheit. Am Anfang des menschlichen Kontakts stehen also Interesse, Anteilnahme, Aufgeschlossenheit für das Leben, für die Vorlieben, die Situation, die Probleme und die Gefühlswelt des anderen, und das alles glaubwürdig und taktvoll zum Ausdruck gebracht durch ein liebevolles, einfühlsames Gespräch. Indem wir den anderen Menschen mit dem Herzen sehen, verstehen wir ihn in seinem Wesen und Wirken.

Ich möchte mit dem Vorurteil aufräumen, dass wir jemanden ausnutzen, wenn wir bewusst zu ihm Kontakt suchen, um berufliche Ziele zu erreichen. Es würde doch gar keinen Sinn ergeben, ziellos loszulegen, um Kontakte aufzubauen. Wir investieren dann doch nur Zeit und Kraft für etwas, was weder uns noch jemand anderem hilft. Wer nach dem Prinzip des Geben-Nehmen-Geben handelt, wer sich dankbar revanchiert, wenn er etwas bekommt, die Interessen des anderen sieht und schätzt, baut ein tragbares Netzwerk auf. Wer hingegen egoistisch nimmt und nicht im gleichen Verhältnis oder besser: immer ein bisschen mehr gibt, als er erhält, der wird über kurz oder lang nichts mehr bekommen. Wer sich nur als Nehmer entpuppt und nichts aktiv in sein Netzwerk einbringt, wird seine Kontakte verlieren, das Netzwerk wird Löcher bekommen und rissig werden.

Wie sieht reziprokes Beziehungsmanagement in der Praxis aus? Ich entscheide mich ganz bewusst für einen Netzwerktermin, weil ich in meiner Anwesenheit einen Sinn sehe. Dazu frage ich mich: Warum nehme ich teil? Treffe ich dort die Menschen, die sich für ähnliche Projekte oder Themen interessieren wie ich? Was erwarte ich von dem Abend? Warum möchte ich die Zeit investieren? Wen möchte ich kennenlernen und warum? Was habe ich den Menschen dort zu bieten? Was kann ich in den neuen Kreis von Leuten einbringen? Kann ich eventuell einen Kontakt zu anderen Menschen in meinem Netzwerk herstellen? Wie möchte ich an dem Abend in Erinnerung bleiben? Mit diesem Vorgehen weiß ich genau, was ich von der Veranstaltung erwarte. Und falls sich herausstellt, dass ich mit falschen Vorstellungen dort hingegangen bin, verkürzt ein solches Vorgehen die Verweildauer erheblich.

Genauso sorgfältig, wie ich mich vorbereite, bearbeite ich den Termin nach: Gehen wir mal davon aus, dass es ein interessanter

Abend wurde. Was tue ich mit all den Erstkontakten, die aber noch keine Beziehung sind? Eine systematische Nachlese besteht für mich darin, mir alle Visitenkarten noch mal genauer anzuschauen und in Erinnerung zu rufen: Wie verlief das Gespräch atmosphärisch? Worüber habe ich mit der Person gesprochen? Was fand ich an ihr besonders interessant? Habe ich etwas versprochen oder zugesagt, Informationen zu liefern? Wie sind wir miteinander verblieben? Hier beginnt gutes und nachhaltiges Beziehungsmanagement. Meist bleiben zwei oder drei Visitenkarten übrig, die in meine Adressdatei kommen. Wie kann ich geschickt erneut Kontakt zu einer bestimmten Person aufnehmen? Am einfachsten ist es, wenn wir schon vereinbart haben, dass sich einer melden wird. Sollten keine Absprachen getroffen worden sein, dann überlege ich: Was könnte Herrn Müller oder Frau Meyer interessieren? Was kann ich einbringen, welche gemeinsamen Anknüpfungspunkte haben wir gefunden? Mit etwas Kreativität und Fantasie gelingt es mir meistens, einen guten Grund zu finden, genau dort den Kontakt wieder aufzunehmen. Ein bisschen Übung – und nahezu jeder kann das, entgegen der Behauptung des Satirikers Gabriel Laub: »Fantasie ist etwas, was manche Leute sich gar nicht vorstellen können.«

Gemischten Netzwerken gehört die Zukunft

Zugegeben, die einen tun es schon länger als die anderen. Männer haben sich seit jeher zusammengeschlossen, um miteinander zu arbeiten, sich gegenseitig zu unterstützen und zu fördern. Schaut man in die Historie, findet man überwiegend reine Männernetzwerke. Die Frauen ziehen erst seit etwa hundert Jahren nach. In jüngster Zeit haben sie jedoch zunehmend den Nutzen von Netzwerken entdeckt und tun sich zusammen. Hier einige Beispiele: Frauen in die Aufsichtsräte (FidAR), Working Moms, Nushu, She-

Potential, Global Digital Women, EWMD, FIM, Zonta International, Verband deutscher Unternehmerinnen. Frauen schließen damit die Kluft, die über Jahrhunderte von Männern dominiert wurde. Sie ergreifen diese Chance, um sich zu treffen, Interessen zu teilen und um sich sichtbar zu machen.

»Schluss mit den Männerklubs. Harvard macht ernst«, titelte der *Spiegel* 2017 und führte weiter aus: »Zutritt nur für Männer: In den USA gibt es an vielen Universitäten sogenannte All-Male Social Clubs. Die Harvard University will das nicht mehr akzeptieren und die Studentenklubs dazu bewegen, alle Geschlechter aufzunehmen. Wer künftig in einen reinen Männerklub eintritt, hat kaum noch Chancen auf ein Stipendium, darf keine sozialen Gruppen auf dem Campus leiten oder Kapitän in einem Sportverein werden. Die Entscheidung gilt auch für Klubs, die nur Frauen aufnehmen.«

Auch wenn die zahlreichen neuen Frauennetzwerke, die gerade in Deutschland entstehen, den Bedarf ergänzen, der bisher noch nicht ausreichend abgedeckt war, bleibt die Frage: Brauchen wir wirklich nach Geschlechtern getrennte Netzwerke oder bewegen sich Männern und Frauen im Zeitstrahl der Geschichte aufeinander zu?

Ich bin davon überzeugt, dass wir momentan reine Frauennetzwerke brauchen, um Gemeinsamkeit und Solidarität zu leben. Damit wir mit alten Gewohnheiten brechen, sind neue Erfahrungen elementar. Genau diese sammeln wir Frauen, wenn wir uns gegenseitig kennen- und schätzen lernen, uns unterstützen und zusammenarbeiten. Vielleicht ist gerade eine Zwischenetappe erreicht, um Frauen sichtbar zu machen, um ihnen Gehör zu verschaffen, um voneinander zu lernen, um uns gegenseitig zu stärken, um authentisch sein zu können.

Frauennetzwerke sind nicht die besseren Männernetzwerke, sie sind einfach anders. Wer schon einmal eine der neuen weiblichen Netzwerkveranstaltungen besucht hat, spürt im Raum eine Aufbruchsstimmung, eine hohe Dynamik, mit der sich die dort anwesenden Frauen austauschen.

Vor zwanzig Jahren habe ich mich mit folgender Aussage angreifbar gemacht: »Es macht gar keinen Sinn, geschlechtsgetrennte Netzwerke zu haben. Netzwerken ist kein Selbstzweck, sondern über Netzwerke teilen wir unsere Erfahrungen und unser Wissen.«

Dieser Ansicht bin ich auch heute noch. Für eine gleichberechtigte Zukunft ist es mittelfristig wichtig, dass die männlichen und weiblichen Erfahrungen sich in gemeinsamen Netzwerken finden, damit wir voneinander lernen können. Die Welt hat sich verändert, Frauen sind in nahezu allen beruflichen Bereichen zu Hause, in denselben Berufen wie Männer, deswegen macht es wenig Sinn, auf eine Hälfte des Wissens, der Erfahrungen und Stärken zu verzichten.

Ich selbst bin in verschiedenen Frauennetzwerken aktiv: setze mich für mehr Frauen in den Aufsichtsräten ein, engagiere mich im Expertinnen-Beratungsnetzwerk der Hamburger Universität als Mentorin und bei Zonta International trage ich dazu bei, die Lebenssituation von Frauen auf rechtlicher, politischer, wirtschaftlicher und beruflicher Ebene lokal und international zu verbessern. Parallel arbeite ich in gemischten Netzwerken, darunter im Verband angestellter Akademiker und leitender Angestellter der chemischen Industrie (VAA), um die Arbeitsbedingungen in der chemischen Industrie für Kolleginnen und Kollegen attraktiver zu gestalten, sowie im Netzwerk Alumni des Instituts für Kultur- und Medienmanagement, um meine Netzwerke zu öffnen oder bei der Jobsuche zu helfen. Fühle ich mich in einem reinen Frauennetzwerk wohler? Nein, es ist, wie gesagt, anders.

Mit frauenspezifischen Netzwerken ist es vielleicht wie mit der Quote, sie sollten sich über kurz oder lang selbst erübrigen, damit Frauen und Männer sich auf Augenhöhe begegnen und kooperieren können. Das ist gegenwärtig noch für beide Geschlechter ein neues Feld: für die Frauen, weil sie noch neu auf dem Spielfeld sind, und für einige Männer, weil sie nicht gewohnt sind, dass Frauen auf einmal mitspielen. Irgendwann wird sich bei allen die Erkenntnis durchsetzen, dass das gemeinsame Verweben der Netzwerke alle Beteiligten viel stärker und effektiver machen wird.

4
MUT,
SINNHAFT ZU SEIN

Freiwilliges Engagement – Eigenverantwortung leben

Wenn ich auf Vorträgen oder Veranstaltungen über Engagement spreche, stoße ich bei Frauen öfter auf folgendes Vorurteil: viel Arbeit, wenig Ertrag. Es würde ja nichts bringen. Ich sehe das anders: Ein freiwilliges Engagement bietet viele Facetten, ein umfassendes Aufgabenfeld – für die Gesellschaft ebenso wie für den ehrenamtlich Tätigen.

In Deutschland engagieren sich über einunddreißig Millionen Menschen ehrenamtlich – und damit 43,6 Prozent der Bevölkerung über vierzehn Jahre, so das Ergebnis des Freiwilligensurveys im Auftrag des Bundesfamilienministeriums, für das 28 690 Bürger im Jahr 2014 nach ihrem freiwilligen Engagement für die Gesellschaft befragt wurden. Mit 45,7 Prozent sind mehr Männer als Frauen aktiv, von denen 41,5 Prozent ehrenamtlich wirken. Die Aufgaben verteilen sich also fast halbe-halbe auf Männer und Frauen, ganz ohne Quote.

Alle Freiwilligen bringen sich mit Zeit und Wissen aktiv ein, bei der Feuerwehr, im Sport, in der Kultur, in Stadtteilinitiativen, in der

Hospizbewegung, in Selbsthilfegruppen, Schulen, Vereinen, Gemeinden, Verbänden. Ihr Engagement bildet einen wesentlichen Sockel, auf dem unsere Gesellschaft aufgebaut ist. Sie füllen damit eine wichtige Lücke in der Versorgung. Sie alle leben Demokratie und zeigen, dass Eigenverantwortung ein hohes Gut ist, das unsere Gesellschaft menschlicher macht. »Mitmachen statt zuschauen«, ist ihr Credo.

Ein Beispiel sind die Mitglieder der Deutschen Lebens-Rettungs-Gesellschaft (DLRG), die durchschnittlich zwei Wochen Urlaub nehmen, um an den Stränden und Seen für die Badesicherheit der Urlauber zu sorgen. Insgesamt investieren die Mitglieder der DLRG uns allen damit Jahr für Jahr 2,4 Millionen Einsatzstunden. Mich hat diese hohe Zahl von ehrenamtlichem Engagement dermaßen beeindruckt, dass ich 1988 für Beiersdorf den »Nivea-Preis für Lebensretter« ins Leben gerufen habe, eine Auszeichnung, die die Beiersdorf AG und die DLRG seither einmal jährlich an Menschen vergeben, die Mut und Zivilcourage bewiesen haben und sich ehrenamtlich einsetzen. Das Engagement aller DLRG-Mitglieder, ihr manchmal lebensbedrohlicher Einsatz ist keine Selbstverständlichkeit und verdient hohen Respekt sowie öffentliche Anerkennung; dies bringen wir mit dem Preis zum Ausdruck.

Ich möchte daher als Erstes ein deutliches Plädoyer für das freiwillige Engagement halten: Für mich ist die Mitwirkung in ehrenamtlichen Gremien gelebte Demokratie. Gestalterische Macht ist eine positive Kraft. Auf diese Weise kann ich mein vorhandenes Wissen vergrößern, meine Netzwerke ausbauen und meine Meinung um neue Sichtweisen erweitern, Prozesse aktiv beeinflussen und verbessern. Genau darin liegt meine persönliche Motivation, mich für Führungsaufgaben in Ehrenämtern zu begeistern. Die Arbeit bietet zahlreiche Möglichkeiten, um gesellschaftliche Entwicklungen voranzubringen, Missstände zu beseitigen, statt nur etwas zu wollen. Hier geht es darum, Dinge tatsächlich sinnstiftend zu machen, und dies erfordert Zeit und Mut.

Unsere Gesellschaft erhält ein zutiefst menschliches Gesicht, wenn wir uns aktiv für den Nächsten einbringen. Viele stellen ihre hohe Hilfsbereitschaft immer wieder unter Beweis, ob bei Naturkatastrophen mit zupackenden Händen oder 2015 bei der großen Flüchtlingswelle, die uns überrollte. Überall gründeten sich immer wieder ehrenamtliche Initiativen, die helfen wollten. Sie alle überlegen nicht lange, sondern machten einfach mit. Sie alle wollen anpacken, etwas tun, das Leben von hilfsbedürftigen Mitmenschen ein Stück weit verbessern.

Der stärkste Motor für das persönliche Engagement ist die Motivation und die Überzeugung, dass es Sinn macht, wofür ich die Zeit, die von der Freizeit abgeht, einbringe. Dazu kommt eine große Portion Freude an dem, wofür man sich einsetzt.

Den eigenen Gestaltungsradius vergrößern

Ehrenamtliche Tätigkeiten bieten die Möglichkeit, die eigenen Fähigkeiten auszutesten, praktische Berufserfahrungen auf hohem Verantwortungsniveau zu sammeln, Einfluss zu nehmen, ein Netzwerk zu Personen aufzubauen, die man über das eigene Arbeitsumfeld nicht kennenlernen würde, und einen Sinn zu stiften, der über den persönlichen Nutzen weit hinausgeht. Obwohl der Anteil der Frauen, die sich ehrenamtlich engagieren, nur 4,2 Prozent geringer ist als bei den Männern, nutzen Frauen die Chance, im Vorstand mitzuwirken, deutlich weniger. Auch hier bleiben sie dezent im Hintergrund und verschenken die Möglichkeit, Sichtbarkeit herzustellen.

Dieser Überzeugung war auch mein Chef, der mich überredete, ein Ehrenamt anzunehmen. »Übertrieben ausgedrückt«, sagte er, »lässt sich ein Ehrenamt als ›Übungswiese‹ nehmen, sei es, um gutes Projektmanagement umzusetzen, um klare Entscheidungen zu treffen, Führungspraxis zu lernen oder auch um, nennen wir das mal ›Vorstand zu spielen‹. Sie sind Public-Relations-Managerin in einem internationalen Unternehmen, Sie leiten den Bereich PR-Programme. Was liegt da näher, als sich selbst zu engagieren? Sie werden für sich, aber auch für Beiersdorf neue wertvolle Kontakte aufbauen und persönliche Sichtbarkeit herstellen. Dazu kann ein Ehrenamt einen wesentlichen Beitrag leisten. Überlegen Sie, was zu Ihnen passt, was Ihnen Freude macht.«

Seine klugen Ausführungen brachten mich zum Nachdenken: Irgendwie hatte er ja recht. Auch wenn sich mein Zeitrahmen mit meinem Job und der Wochenendarbeit bei der Zeitung eng gestaltete, fühlte sich der Gedanke, Neues kennenzulernen, gut an. Ich könnte außerhalb meines beruflichen Alltags mehr Verantwortung übernehmen, mir mehr Spielräume schaffen, mich an anderen Aufgaben ausprobieren. Der Reiz, durch mein Wissen einen Nutzen zu stiften, gesellschaftlich einen inhaltlichen Beitrag zu leisten, die Welt damit ein kleines bisschen besser zu machen, ergab für mich einen Sinn. Ja, ich würde in mich hineinhorchen, wofür ich mich begeistern und ehrenamtlich engagieren könnte.

Die Gelegenheit kam schneller als erwartet, und wie häufig in meinem Leben war es ein Anruf, der die Karten neu mischte.

An einem kalten Januarmorgen 1988 klingelte mein Telefon.

»Mit wem spreche ich?«, fragte eine energische Männerstimme.

Ich nannte meinen Namen.

»Dann seien Sie bitte so nett und verbinden mich mit Ihrem Chef.«

»Der ist heute nicht im Haus. Vielleicht kann ich Ihnen helfen?«

So lernte ich den Gründer der Initiative »Rettet die Nikolaikirche e. V.« kennen. Der umtriebige Bauunternehmer hatte in der Hansestadt den Zweiten Weltkrieg im Untergrund als »Halbjude« überlebt und es sich zur Aufgabe gemacht, die Hamburger Kirchenruine St. Nikolai als Mahnmal zu erhalten und bei Unternehmen Spenden einzuwerben. Ich erklärte ihm, dass ich auch für den Bereich Sponsoring und Spenden verantwortlich wäre.

»Ach, Mädchen, dann komme ich mal bei Ihnen vorbei und wir besprechen alles persönlich.«

Diese Art, von oben herab angesprochen zu werden, weckte bei mir sofort Unbehagen, sie erzeugt bis heute eine leichte Aggression. Trotzdem hörte ich mir sein Anliegen geduldig an und bat ihn darum, mir ein schriftliches Konzept zu schicken, das ich wenige Tage später in Händen hielt. Bei einer Besprechung mit meinem Chef gingen wir das Angebot gemeinsam durch.

»Das wäre doch eine gute Gelegenheit, dass Sie ehrenamtlich die Presse- und Öffentlichkeitsarbeit sowie das Einwerben von Drittmitteln für den Förderkreis übernehmen«, schlug er vor.

»Das ist ja schon eine große Aufgabe. Wann soll ich das denn noch machen? Ich bin doch am Wochenende bereits verplant.«

»Sie haben jetzt drei Jahre für die Zeitung gearbeitet, nun ist es an der Zeit, eine neue Herausforderung anzunehmen. Ihre berufliche Aufgabe ist es, neue Netzwerke und Sympathiewerte für Beiersdorf bei unseren Kunden und Verbrauchern aufzubauen. Schaffen Sie durch diese neue Patenschaft sichtbare Vorteile und Synergien und vermitteln Sie in der Öffentlichkeit, dass sich unser Unternehmen in der Stadt sozial engagiert. Ganz nebenbei werden Sie für sich persönlich Ihren Bekanntheitsgrad erhöhen. Ich unterstütze Sie dabei.«

Sein professionelles Vorgehen sollte sich für mich noch als Türöffner erweisen.

Wir luden den Vereinsvorsitzenden in der Folge zu einem Gespräch ein. Ergebnis: Beiersdorf übernahm eine Patenschaft für den Erhalt des Mahnmals. Ich trat dem Förderkreis »Rettet die Nikolaikirche e. V.« bei, übernahm ehrenamtlich die Presse- und Öffentlichkeitsarbeit und wurde in den Vorstand gewählt. Die Unterstützung von Beiersdorf bestand primär darin, den Verein mit Know-how und vorhandenen Netzwerken zu unterstützen, aber auch mit Sachmitteln wie Sitzungsräumen oder Büromaterialien. Statt Journalismus also nun ein ehrenamtlicher Vorstandsposten in einem Förderkreis.

Die erste Pressekonferenz fand im Februar 1989 statt. Zum Auftakt der Spendenaktionen führten wir eine Lotterie in der Hamburger Innenstadt durch. Der Plan war, Henning Voscherau, Hamburgs Ersten Bürgermeister, für die Aktion zu gewinnen. Ihr erinnert euch? Nach unserem zufälligen Kennenlernen 1988 auf dem Sommerfest der *Hamburger Morgenpost*, auf dem ich Visitenkarten sammeln sollte, war es ein Leichtes für mich, wieder Kontakt aufzunehmen. Ich hatte ihm ja schon damals in der Warteschlange von dem Ehrenamt erzählt und seine Visitenkarte erhalten! Ich bat für den Förderkreis schriftlich um einen Termin. Die Einladung kam innerhalb von wenigen Tagen. Der Besuch im Rathaus erfolgte zusammen mit dem Vorsitzenden des Förderkreises. Der Erste Bürgermeister sicherte uns zu, den Erhalt des Mahnmals zu unterstützen, und hielt Wort: Er wurde zu einem der aktiven Unterstützer von St. Nikolai. Er half mit bei der ersten öffentlichkeitswirksamen PR-Aktion, dem Prägen von Nikolai-Silbermünzen, und eröffnete eine Tombola zugunsten des Mahnmals. Zu gewinnen gab es Autos, Reisen und zweihundert Reproduktionen eines Aquarells der zerbombten Kirche von 1945. Positive Ironie des Schicksals: Der Maler des Bildes arbeitete früher als Grafiker bei meinem Arbeitgeber. So kam die erste aufsehenerregende Aktion und zugleich die Vernetzung zu Beiersdorf zustande. Die Hamburger Medien berichteten ausführlich über den Start der Aktivitäten.

Parallel dazu lief bereits die zweite Aktion an. Ich wollte ein »Goldenes Buch von St. Nikolai« gestalten lassen, damit sich die Hamburger Bevölkerung sowie prominente Bürger und Bürgerinnen dort gegen eine Spende eintragen könnten. Ein Hamburger Buchbinder-Ehepaar übernahm die Aufgabe: Sechshundert Seiten Büttenpapier, brauner Ledereinband, eine gestanzte Prägung auf der Vorderseite und ein aufwendiger Goldschnitt zierten dieses Unikat. Um das Ganze richtig in Schwung zu bringen, begleitete das *Hamburger Abendblatt* seine Entstehung und titelte am 30. August 1989: »Unterschrift für die Ewigkeit.« Die ersten Unterschriften erhielten wir von Altbundeskanzler Helmut Schmidt und Justus Frantz, Professor an der der Hamburger Musikhochschule. Es folgten der damalige Bundeskanzler Helmut Kohl und der ungarische Außenminister Gyula Horn.

Die nächste Überlegung war, einen Schirmherrn oder eine Schirmherrin für das Mahnmal St. Nikolai zu gewinnen. Systematisch suchte ich nach einer Persönlichkeit mit einem hohen bundesweiten Bekanntheitsgrad, in Hamburg verwurzelt, nach jemanden, der den Zweiten Weltkrieg miterlebt hatte und sich öffentlich und glaubwürdig für das Friedensmahnmal einsetzen würde. Meine Wunschpartnerin hieß Loki Schmidt, Ehefrau von Altbundeskanzler Helmut Schmidt. Der Vorstand des Förderkreises war sofort begeistert von der Idee, und wir schrieben Loki Schmidt einen Brief mit der Bitte, sich in das Goldene Buch einzutragen. Wir bekamen einen Termin. Bei diesem Gespräch, wie so oft, lief der Gründer und erste Vorsitzende des Förderkreises zu Hochform auf, sehr authentisch und berührend berichtete er über seine schlimmen persönlichen Erlebnisse als »Halbjude« im Hamburger Untergrund. Am 6. April 1990 übernahm Loki Schmidt die Schirmherrschaft für das Mahnmal St. Nikolai.

Ich wurde immer mutiger in meinem Handeln. Dazu trug Loki Schmidt bei, die mir immer wieder sagte, wie wichtig die Arbeit sei, die der Förderkreis leisten würde. Ihre Schilderungen über die Zerstörung der Hansestadt veranschaulichten mir, wie viel unvorstellbares Leid alle Bewohner hatten ertragen müssen. Zwischen Juli und August 1943 versank Hamburg in einem Inferno, britische und amerikanische Bomber zerstörten die Stadt. »Das Grauen kannte keine Grenzen und entzog sich jeder Beschreibung«, berichtete Loki Schmidt. »Wer es erlebte, wird diese Anblicke nie vergessen.« Über ihre persönlichen Erlebnisse im Zweiten Weltkrieg berichtete sie in unserem Dokumentarfilm *Wer Wind sät, wird Sturm ernten* (dazu später mehr). Meine Eltern und Großeltern redeten sehr wenig mit mir über die Kriegsjahre. Die Offenheit, mit der Loki

Schmidt über diese Zeit sprach, sensibilisierte mich immer mehr, mich für das Mahnmal und den Frieden zu engagieren.

Ihr verbindliches, kluges und herzliches Wesen bleiben mir in tiefer Erinnerung. Die gemeinsamen Stunden mit dieser großartigen Frau zähle ich zu den besonders wertvollen Erfahrungen in meinem Leben.

Über sich hinauswachsen

Als ich mein erstes Ehrenamt übernahm, hatte ich keine Vorstellung davon, was auf mich zukommen würde. Natürlich war es viel Arbeit und mit einem hohen zeitlichen Engagement verbunden, aber was ich dabei lernte, wog ungleich viel mehr. Durch dieses Ehrenamt entdeckte ich ungeahnte Fähigkeiten in mir, spürte meine eigene Kraft und konnte uneingeschränkt meine Kreativität einbringen. Sukzessive übernahm ich größere Aufgaben, anfangs manchmal noch zaghaft, nicht ganz sicher, ob ich wirklich ausreichend geeignet war, um das beste Ergebnis zu erzielen. Doch mit der Zeit wurde ich immer mutiger, mich und meine Fähigkeiten auszuprobieren.

»Wenn eine Aufgabe dich nicht erschreckt«, werde ich nicht müde, Frauen auf meinen Vorträgen zu sagen, »dann ist sie nicht groß genug.« Diese Äußerung ist angelehnt an ein Zitat von Ellen Johnson Sirleaf, Friedensnobelpreisträgerin und vierundzwanzigste Präsidentin von Liberia: »Wenn deine Träume dich nicht erschrecken, sind sie nicht groß genug.« Sirleaf war die erste Frau, die zum Staatsoberhaupt eines afrikanischen Landes gewählt wurde.

Im besten Fall, und ich habe diese Erfahrung mehrfach gemacht, kann ein Ehrenamt für Frauen ein Karrierebeschleuniger werden oder ganz neue Perspektiven eröffnen. Vor allem, wenn man sich in eine Leitungsposition begibt.

Auch wenn der Frauenanteil mit etwas über 40 Prozent in einem guten Verhältnis zum ehrenamtlichen Engagement der Männer steht, verändert sich die Zahl, sobald es um einen Vergleich in Leitungspositionen geht. Laut Familiensurvey üben 33 Prozent der Männer im Ehrenamt eine leitende Position aus, während nur 21,7 Prozent der Frauen in Leitungs- oder Vorstandsposten zu finden sind. Auch hier klafft sie erneut auf, die Geschlechterlücke.

Karrierebeschleuniger

Immer wieder bin ich überrascht, wie wenig Frauen das Ehrenamt als Möglichkeit, Verantwortung und Einfluss auszuüben, in Erwägung ziehen. Die damit verbundenen Chancen wiegen weit mehr als der zeitliche Aufwand. Mir ist klar, dass es in weiblichen Biografien Lebensphasen gibt, die aufgrund familiärer und beruflicher Belastung von einem sehr engen Zeitgerüst geprägt sind. Kinder, Familie, Beruf – das alles unter einen Hut zu bekommen, ist für Frauen ein Balanceakt, der durch weiteren Mehraufwand kaum zu bewerkstelligen ist. Vielleicht ist das ein Grund dafür, weshalb die ehrenamtlichen Leitungsposten vor allem von Frauen übernommen werden, die zur Altersgruppe der Fünfzig- bis Vierundsechzigjährigen gehören. Bei den Dreißig- bis Neunundvierzigjährigen wie auch bei den Vierzehn- bis Neunundzwanzigjährigen ist diese Form der Verantwortung seltener zu finden.

Aber vielleicht erweist sich das, was nach Aufwand aussieht, am Ende als Karrierebeschleuniger? Das Ehrenamt ist doch eine perfekte Spielwiese, gerade für Frauen, sich auszuprobieren: Du trittst in Kontakt mit einflussreichen Menschen. Du kannst dich öffentlich sichtbar machen. Du darfst weitreichende Entscheidungen treffen, du trägst Finanzverantwortung, du darfst dein Wissen ohne Wenn und Aber einbringen …

Frauen haben oft Probleme mit ihrem Selbstwert, das schon erwähnte Impostor-Syndrom weist darauf hin. Sie glauben oft, nicht gut genug zu sein, gestehen sich nur selten eine Lernkurve zu, sondern meinen, jede beruflich höhere Etappe sofort perfekt meistern zu müssen. Und dann ist da noch das Geld: Sie werden schlechter bezahlt als Männer. Laut Statistischem Bundesamt erhalten weibliche Beschäftigte durchschnittlich 21 Prozent weniger als ihre männlichen Kollegen.

Warum also nicht zwei Fliegen mit einer Klappe schlagen? Im Ehrenamt können Frauen zum einen ihren Wert entdecken, ihren Einfluss, letztlich auch den gehobenen Posten, den sie verdienen, um dann im beruflichen Alltag leichter einzufordern, was ihrer Qualifikation entspricht (und damit auch ein höheres Gehalt). Zum anderen kann ein ehrenamtliches Engagement wertvolle Synergieeffekte für die berufliche Laufbahn mit sich bringen, aus meiner eigenen Erfahrung kann ich das bestätigen. Und damit ist auch die Praxis gemeint, wie es in einem Vorstand zugeht. Für mich war das eine höchst prägende Erfahrung, und zwar zu einer Zeit, als Frauen dort eine noch geringere Rolle spielten als heute.

Unser Vorstand im Förderkreis der Nikolaikirche setzte sich überwiegend aus männlichen Spezialisten zusammen, jeder brachte unterschiedliche Erfahrungen und Fähigkeiten ein, darunter waren Handwerker, Steuerberater, Kaufleute, Juristen und Politiker. Wir alle verfügten neben unseren fachlichen Qualifikationen auch über sehr gute Kontakte zu unterschiedlichen Zielgruppen in der Hansestadt. Und ich, als einzige Frau, mit Kompetenz PR.

So erschloss sich mir ein Einblick in andere Berufsbilder, vereint durch das gemeinsame Ziel, ein würdiges Mahnmal entstehen zu lassen. Unser Vorstandsteam schaffte mehr, als wir uns je hatten vorstellen können. Wir alle waren mutig genug, auch unvorstellbare Aktionen auf die Beine zu stellen. Ich war im Ehrenamt viel risikofreudiger und kreativer als im professionellen Job. Fehler wurden verziehen, auch zogen diese Fehler keine existenzbedrohenden Konsequenzen nach sich. Ein Projekt klappte ausgezeichnet, ein anderes scheiterte. Kein Problem. Aus den Fehlern lernte ich meist mehr als aus den Erfolgen. Das Miteinander im Vorstand war überwiegend geprägt von Verständnis, von Toleranz und Verzeihen. Ich erlebte dort sehr früh, dass Männer und Frauen, wenn sie eine gemeinsame Vision haben, ein sehr starkes Team sein können.

Natürlich galt es für jeden von uns, sich erst einmal Respekt und Anerkennung zu erarbeiten und Wissen einzubringen, das der Organisation fehlte. Bei mir waren es die Erfahrungen im Journalismus, in PR, Netzwerken – Dinge, die der Verein brauchte und bei denen mir niemand so schnell etwas vormachen konnte. Mein mediales Fachwissen, meine Pressekontakte und Beiersdorf im Rücken machten mich in der Vorstandsrunde einzigartig und unangreifbar. Mir wurden Kompetenz und Einfluss zugesprochen – perfekte Grundpfeiler, um später in anderen Führungspositionen erfolgreich agieren zu können.

Der Vorstand des Förderkreises führte in den nächsten Jahren zahlreiche Benefizveranstaltungen, Sammelaktionen und Medienkampagnen durch. Ich konnte mit meinem Engagement dazu beitragen, dass wir Stück für Stück unseren Bekanntheitsgrad erhöhten und Vertrauen in die »Marke« Förderkreis »Rettet die Nikolaikirche e. V.« aufbauten, was die elementare Voraussetzung für das erfolgreiche Sammeln von Spenden auszeichnet.

Mit vielen weiteren prominenten Unterstützern sowie den Medien gelang es, die Kirchenruine nach und nach zu einem würdigen Mahnmal umzugestalten.

Mit der ehrenamtlichen Tätigkeit erweiterten sich mein Sichtfeld wie auch meine Fähigkeiten jenseits meiner ausgewiesenen Kompetenzen. Kaum hatten wir die ersten Aktionen gestartet, wartete schon die nächste Herausforderung auf mich.

In einer Vorstandssitzung verkündete der Initiator und Gründer des Förderkreises: »Wir produzieren einen Film über das Mahnmal St. Nikolai. Manuela, kannst du das Drehbuch schreiben?«

»Aber so etwas habe ich noch nie gemacht«, erhob ich mit klopfendem Herzen Einspruch.

»Das macht nichts, irgendwann ist es immer das erste Mal.«

»Wie soll das ablaufen, wie finanzieren wir den Film?«

»Ich habe schon einen Regisseur und Filmemacher gefunden. Toller Mann, mit viel Erfahrung. Den solltest du kennenlernen.«

Wie so oft sagte ich zu und willigte in ein Treffen ein.

Gleich bei unserer ersten Begegnung erklärte ich dem Regisseur, dass ich zwar journalistische Erfahrungen mitbrächte, aber nie zuvor ein Drehbuch geschrieben hätte. In meinem Inneren hoffte ich, er würde zu dem Schluss kommen: »Ach so, dann müssen wir nach jemand anderem Ausschau halten.«

Aber nichts dergleichen geschah.

Er sah mich an und sagte: »Das kann man lernen, irgendwann hat jeder einmal angefangen. Wir haben kaum Budget und müssen das mit eigenen Mitteln hinbekommen. Sie machen das ehrenamtlich, also ohne Bezahlung, und Sie werden es so gut machen, wie es geht. Außerdem wollen wir eine Dokumentation machen und kein Drama mit historischen Figuren. Da sind die Kontakte zu den Menschen aus dem Zweiten Weltkrieg viel wichtiger. Wir möchten ja, dass sie uns ihre Geschichte erzählen. Also braucht es eine Art Ablaufplan, wer wo gezeigt werden soll. Für den Rest, die Kamera und die Beleuchtung, den Schnitt, haben wir Profis. Ich helfe Ihnen, so gut ich kann, und was die Nikolai-Geschichte betrifft, da kennen Sie sich doch mittlerweile bestens aus.«

Also sagte ich endgültig Ja und marschierte kurz darauf ins Staatsarchiv Hamburg, um Material zu sammeln. Im Grunde war es wie die Arbeit an einem Mosaik: Ich fügte die einzelnen Steinchen zu einem Bild zusammen, indem ich Kontakte, Abläufe und Drehorte miteinander verband.

Mit der Unterstützung des Regisseurs schrieb ich das Drehbuch zu *Wer Wind sät, wird Sturm ernten*. In dem Film dokumentierten wir mit historischem Material und Aussagen von Prominenten, die den Krieg überlebt hatten, die Notwendigkeit eines Mahnmals gegen Krieg, Verfolgung und Hass. Wir drehten im persönlichen Umfeld der Prominenten oder direkt an der Kirchenruine in der

Hamburger Innenstadt. Liedermacher Wolf Biermann kam zum Beispiel zu den Dreharbeiten mit seiner Mutter Emma, gemeinsam berichteten sie an der Ruine der Nikolaikirche, wie sie die Zeit erlebt und überlebt hatten. Es folgten weitere Drehs und Berichte mit Zeitzeugen auf einer Theaterbühne, am Klavier oder im Gebäude einer Hamburger Reederei.

Die Premiere fand an einem spielfreien Montag in einem Hamburger Musicaltheater statt. Unserer Einladung folgten an die 1300 Gäste, darunter viele Förderer, Schauspieler, Sänger, Persönlichkeiten aus Wirtschaft und Politik. Die Dokumentation zeigte auf erschütternde, bewegende und authentische Weise, warum es eines würdigen Mahnmals gegen Krieg und Gewalt bedurfte.

Sinn-Belohnung

»Wir fahren zum Papst und bitten ihn darum, eine der einundfünfzig neuen Glocken für das überkonfessionelle Mahnmal St. Nikolai zu segnen.« Diese Idee entstand, als wir überlegten, das ehemalige Glockenspiel wieder anzuschaffen und dafür Spenden zu sammeln. Mit dieser Aktion wollten wir für weitere Aufmerksamkeit sorgen. So kam es, dass eine Delegation des Förderkreises Papst Johannes Paul II. im Vatikan traf.

Mithilfe des damaligen Hamburger Weihbischofs erhielt der Förderkreis eine Einladung zu einer Audienz. Am 7. April 1993 empfing der Papst unsere Delegation in der Aula »Paul VI.« gleich neben dem Petersdom. Während ich in der ersten Reihe saß und darauf wartete, dass der Heilige Vater erschien, ertönte ohrenbetäubender Jubel aus dem hinteren Bereich der Audienzhalle. 4000 Menschen huldigten dem Oberhaupt der katholischen Kirche an diesem Tag, als er die Halle vom Eingang aus betrat. Er schritt durch die Menge und betrat ein Podest, auf dem üblicherweise der Papstsitz steht. Von dort oben begrüßte er in seiner Generalaudienz zahlreiche Gruppen aus der ganzen Welt, oft in deren Landessprache oder auf Englisch mit persönlichen Worten. Die angereisten Mitglieder unseres Förderkreises empfing er in deutscher Sprache mit den folgenden Worten: »Mein besonderer Dank gilt dem Förderkreis ›Rettet die Nikolaikirche‹ aus Hamburg.« Am Ende der Audienz sollte der Papst alle Gäste in der ersten Reihe noch persönlich begrüßen und für uns die mitgebrachte Glocke segnen.

Während der Zeremonie pochte mein Herz bis zum Hals, und ich hatte immer wieder Tränen in den Augen. Erlebte ich das gerade wirklich? Eine tiefe Dankbarkeit überkam mich, dass ich diese Erfahrung machen durfte. Ich freute mich, dass ich das Ehrenamt angenommen hatte und mich für den Frieden engagierte. Das Mahnmal steht dafür, dass Rechtsextremismus, wie er besonders im Nationalsozialismus ausgeprägt war, in Deutschland nie wieder passieren darf. Zu dieser Zeit, 1993, war gerade im nordrhein-westfälischen Solingen ein Brandanschlag auf eine türkische Familie mit rechtsextremistischem Hintergrund verübt worden. Das gibt es nicht, dachte ich, als ich die Nachrichten darüber hörte, das kann, das darf doch nicht sein. Die Ereignisse von Solingen machten mir einmal mehr bewusst, wie wichtig das Mahnmal auch heute noch ist. Weil der Förderkreis dazu beitrug, dass die Schrecken der Vergangenheit nicht in Vergessenheit gerieten, damit sie sich nicht wiederholten, ich mich also für etwas Sinnvolles einsetzte, war ich hoch motiviert, diese Arbeit zu tun.

Zu Beginn war es einfach eine ehrenamtliche Tätigkeit gewesen. Bei der päpstlichen Audienz wurde mir erst richtig klar, wie wichtig diese Arbeit war. Und auch heute noch, sechsundzwanzig Jahre später, blicke ich auf dieses Ehrenamt mit Stolz zurück, denn das Mahnmal und die Dokumentation im Gewölbe der Ruine setzen auch heute noch ein Zeichen gegen Gewalt und Ausländerfeindlichkeit.

Als der Papst zum Abschluss der Audienz dann die zehn Stufen von seinem Podium herabschritt, blieb er in der ersten Reihe vor dem Gründerehepaar und mir stehen. Er reichte jedem von uns die Hand und lobte die Arbeit des Förderkreises: »Euer Engagement hat zu einer wirklichen Solidarität über die Grenzen eures Landes hinaus geführt, den Frieden und die Freiheit zum obersten Ziel menschlichen Handels zu erheben.« Dann segnete er die sieben Kilogramm schwere Bronzeglocke, die wir in einer alten Ledertasche mitgebracht hatten.

Dieses Ereignis hielten wir filmisch fest und bauten es in unserem Dokumentarfilm als Schlussszene ein. Das überwältigende Engagement aller Hamburger Bürgerinnen und Bürger, aller Persönlichkeiten sowie der Stadt Hamburg machten es möglich, dass in sieben Jahren mehr als 14 Millionen D-Mark gespendet wurden und das Mahnmal Realität wurde.

Die Zeit, in der ich im Förderkreis mitwirkte, hat mich sensibilisiert dafür, dass Frieden keine Selbstverständlichkeit ist. Es ist nur ein Zufall, dass ich in Europa geboren wurde, nie einen Krieg erleben musste, nie erfahren musste, was Hunger bedeutet, was es heißt, sein Zuhause zu verlieren, die Heimat zu verlassen und von seiner Familie getrennt in einem fremden Land zu leben. Wir müssen jeden Tag dafür kämpfen, dass der Frieden bei uns in Europa erhalten bleibt und Millionen Menschen auf der ganzen Welt, die unter den Folgen von Kriegen leiden, wieder ihren Frieden finden. Das Mahnmal St. Nikolai hat mich gestärkt, mich für das Thema Frieden in dieser Welt einzusetzen. Ich hätte nie gedacht, dass ich 2015 in meinem Beruf erneut konkrete Berührung mit den Folgen von Krieg und dessen Auswirkungen auf Menschen bekommen würde. Indem Beiersdorf mich bat, Integrationsprogramme für Menschen mit Migrationshintergrund aufzusetzen, konnte ich mich für Menschen, denen die Heimat genommen wurde, einsetzen.

Ehrenamt bedeutet, sich aktiv in gesellschaftliche Prozesse einzubringen. Alle, die sich aufmachen, ein Ehrenamt zu übernehmen, sind die Gestalter und Wegbereiter für ein demokratisches und selbstbestimmtes Leben. Und auch dafür braucht es das in Kapitel 3 angesprochene magische Dreieck der PR. Sinn ist dann gegeben, wenn man die Fähigkeiten – Sympathie, Glaubwürdigkeit und Kompetenz – nicht für sich, sondern für die Solidargemeinschaft einsetzt.

Ich habe noch Kontakt zu einigen ehemaligen Vorständen und zu dem amtierenden zweiten Vorsitzenden des Förderkreises. Es ist mir eine große Befriedigung, ein aktiver Teil dieser Bewegung gewesen zu sein. Besucher, denen ich Hamburg zeige, führe ich an diese Stätte, weil hier ein Traum wahr wurde. Das Mahnmal St. Nikolai lebt und erinnert an das Leid und die Schrecken des Zweiten Weltkriegs, der von Deutschland ausging. Die Kraft weniger Menschen, die andere überzeugten, hat etwas verändert. Das Engagement hat einen Sinn gehabt. Da schließt sich dann auch der Kreis: Ein Ehrenamt kann den Sinn stiften, der sich im Beruf auf diese Weise nicht immer erfüllt.

Seit Beginn meiner Tätigkeit bei Beiersdorf engagiere ich mich durchgehend für gemeinnützige Projekte. Ich sitze in Gremien und Vorständen von Vereinen und Fördergruppen. Als Fundraising-Spezialistin darf ich mit meinem Know-how daran mitwirken, Gelder für gute Zwecke zu sammeln.

»Wenn ich die Liste Ihrer Aktivitäten sehe«, sagen Journalisten manchmal zu mir, »dann möchte ich am liebsten den Kopf in den Sand stecken.«

»Ich auch«, antworte ich dann meist. »Sie hätten am Wochenende zuhören müssen, als ich mit meinem Mann darüber diskutierte: ›Warum mache ich das alles?‹«

Ja, warum mache ich das alles? Wir haben keine Kinder, das gibt uns mehr Zeit, als Eltern und Großeltern sie haben. Ich fühle mich aufgefordert, diese Zeit sinnstiftend einzusetzen und die Welt ein wenig besser zu machen. Außerdem: Ehrenämter machen glücklich!

Der Grund ist eine Belohnung in mehrfacher Hinsicht: Egal, wofür ich mich engagierte, stets habe ich Neues gelernt, was ich mir im Rahmen meiner beruflichen Vita vielleicht so nicht erlaubt hätte. Das Ehrenamt ist aber auch immer ein Gewinn, eine wichtige Station auf dem Karriereweg gewesen. Der dänische Philosoph Søren Kierkegaard meinte einmal: »Das Leben wird vorwärts gelebt und rückwärts verstanden.« Nichts ist umsonst. Ohne meine ehrenamtlichen Tätigkeiten hätte ich nicht die Freiräume kennengelernt, die es mir ermöglichten, Ideen ohne lange Abstimmungsprozesse umzusetzen. Zuvor war ich eher vertraut mit langen Wegen, wie sie in Konzernstrukturen oft vorherrschen. Es war großartig zu erfahren, wie ich im Vorstand oder bei Förderern (meist) uneingeschränkt Unterstützung erhielt, wenn ich für eine Idee warb. Eine weitere Erfahrung, die mir auch im beruflichen Kontext bis heute nützlich ist: Mit einem durchdachten Konzept, das aufzeigt, welcher Mehrwert für die Gesellschaft geschaffen wird, steigen die Chancen, ein Projekt zu realisieren. Im Fundraising drücke ich das so aus: Wir müssen eine nachvollziehbare, glaubwürdige Geschichte erzählen, die Verständnis weckt, die Herzen berührt und die Geldbörsen öffnet. Fundraiser werden dann zu aktiven Gestaltern und nicht bloß als Bittsteller gesehen.

Mein Chef hatte wieder einmal recht behalten: Mein Ehrenamt hatte sich im Lauf der Zeit zu einem sehr effizienten Netzwerk zu Medien, Politik, Wirtschaft und prominenten Entscheidern entwickelt, das sich ebenso für meinen Arbeitgeber hervorragend nutzen ließ. Ein Netzwerk, von dem ich auch für andere Aufgabenfelder profitierte, etwa als in einem anderen Ehrenamt die damalige Bundesministerin für Jugend, Familie, Frauen und Gesundheit sehr kurzfristig ihre Teilnahme an der schon erwähnten Ehrung von Lebensrettern absagte. Sofort dachte ich daran, Loki Schmidt zu kontaktieren. Ich griff zum Telefon und wählte ihre Privatnummer.

»Ja bitte«, hörte ich am anderen Ende der Leitung – es war Helmut Schmidt.

Mir versagte die Stimme, damit hatte ich nicht gerechnet. Ich nannte meinen Namen und mein Anliegen, aber der Hörer wurde wortlos aufgelegt. Tief Luft holen, ein zweiter Anlauf.

Ein knurriges »Ja?« kam von der anderen Seite.

»Herr Schmidt, ich möchte Sie nicht stören, würden Sie Ihre Frau bitten, mich anzurufen, wenn es zeitlich passt?«

Der Hörer wurde abermals wortlos aufgeknallt.

Ein paar Stunden später erfolgte tatsächlich der Rückruf von Loki Schmidt.

»Liebe Frau Rousseau, entschuldigen Sie bitte, dass mein Mann so ärgerlich reagierte. Er macht sich Sorgen, wenn ich unsere private Nummer weitergebe, und war deshalb ungehalten. Was kann ich für Sie tun?«

»Ich möchte Sie um einen Gefallen bitten, der nichts mit St. Nikolai, sondern mit Beiersdorf zu tun hat.« Dann fragte ich sie, ob sie die Preisverleihung für die Lebensretter vornehmen würde.

»Sehr gern, Frau Rousseau, für Sie mache ich das.«

Ehrenamt verbindet.

5

MUT,
SOUVERÄN ZU SEIN

Die eigene Welt größer denken

Es war eine riesige Überraschung. Ein Brief von der Hamburger Kulturbehörde, datiert vom 3. Mai 1999. Voller Staunen las ich die Zeilen wieder und wieder. Ich hüpfte durch die Wohnung, wedelte mit dem Brief, rief meinen Mann im Büro an und las ihm aufgeregt vor:

»Sehr geehrte Frau Rousseau, die Senatskanzlei darf Ihnen heute mitteilen, dass der Bundespräsident Ihnen auf Vorschlag des Präsidenten des Senats der Freien und Hansestadt Hamburg die Verdienstmedaille des Verdienstordens der Bundesrepublik Deutschland verliehen hat.«

Zum feierlichen Akt am 19. August 1999 durften mein Mann und ich bis zu acht Personen einladen. Im Beisein meiner Mutter und meines Vaters, meines Chefs, eines gemeinsamen Freundes, unseres Trauzeugen sowie einer weiteren Freundin überreichte mir die damalige Kultursenatorin die vom Bundespräsidenten Roman Herzog unterzeichnete Urkunde und die Bundesverdienstmedaille.

In ihrer Rede würdigte sie meine vielen gemeinnützigen Tätigkeiten mit folgenden Worten: »Wer den Namen Rousseau trägt, der

hat wohl keine Chance, dem Gravitationsfeld der Künste zu ent-
kommen, auch zweihundert Jahre nach dem Tod des weltberühm-
ten Denkers und Dichters nicht. Und wenn wir an Rousseaus Erzie-
hungstheorie denken, dann fällt einem Ihr ehrenamtliches Engagement in seinen vielen Facetten ein. Auch auf diesem Feld scheint
also der berühmte Name bei Ihnen nicht folgenlos geblieben zu
sein. Wie ein roter Faden zieht sich durch Ihre Biografie Ihre Arbeit
mit Menschen. Kultur ist ein Leitmotiv, professionelles Handeln im
Ehrenamt ist Ihr Motto – und unser zwischenmenschliches Klima
wäre bestimmt lebenswerter, wenn viele Ihrem Beispiel folgten. Im
Mittelpunkt Ihres außerberuflichen Einsatzes steht Ihre Tätigkeit
als Vizepräsidentin und Pressesprecherin der Initiative ›New Generation e. V.‹, an deren Gründung Sie 1995 entscheidend mitwirkten.
Von 1988 bis 1996 waren Sie im Vorstand des Förderkreises ›Rettet
die Nikolaikirche e. V.‹ für die Öffentlichkeitsarbeit verantwortlich
und 1995 organisierten Sie das kulturelle Rahmenprogramm zum
26. Deutschen Evangelischen Kirchentag maßgeblich mit. Außerdem engagieren Sie sich im Kulturkreis der deutschen Wirtschaft.«

In meiner anschließenden Rede dankte ich der Senatorin, allen
Gästen und insbesondere meinem Mann, der mir von Anfang an
immer die Zeit ließ, meine vielen ehrenamtlichen Aufgaben auszu-
füllen. Dieser Tag ist für mich bis heute unvergessen. Meine Eltern
waren an meiner Seite, beide sehr stolz auf mich. Was für ein wun-
derschöner und für unsere komplexen Familienverhältnisse fried-
licher Moment, der uns einte.

Meine Mutter sprach an diesem Tag einen sehr versöhnlichen
Satz: »Ich bin stolz auf dich. Ich hätte nie gedacht, dass du es einmal
so weit bringen würdest. Du hast mehr erreicht als dein Bruder.«
Das war gut gemeint und in unserer Beziehung wahrscheinlich das
höchste Kompliment, das sie mir machen konnte. Allerdings
machte es mich auch traurig, weil es meinen Bruder degradierte
und sie erneut Vergleiche zwischen uns zog und ein Gefühl von
Konkurrenz erzeugte.

Das Leben hält immer wieder Gelegenheiten bereit, um das eigene Wirken größer zu gestalten. In solchen Momenten sollte man zugreifen, selbst wenn einem bei dem Gedanken speiübel wird …

Mein Engagement für die Initiative »Rettet die Nikolaikirche e. V.« führte mich zu einer universitären Lehrtätigkeit. Der damalige Präsident der Hamburger Hochschule für Musik und Theater in Hamburg war bereits 1992 durch Medienberichte über mein Engagement für den Förderkreis auf mich aufmerksam geworden. Er lud mich ein, in dem von ihm 1987 gegründeten Studiengang Kulturmanagement eine Gastvorlesung zu halten, um den Studierenden das Thema »Drittmittelfinanzierung für soziale und kulturelle Projekte« nahezubringen. Ich spürte große Freude, jungen Menschen die erfolgreiche Arbeit im Förderkreis vorzustellen und über meine Erfahrungen, Erfolge und Misserfolge beim Einwerben von Drittmitteln zu referieren. Im gleichen Moment packten mich aber wieder die Selbstzweifel: Nie zuvor hatte ich eine Vorlesung gehalten. Würde es mir überhaupt gelingen, ohne akademische Vorbildung eine qualitativ fundierte Lehrveranstaltung durchzuführen? Durfte ich das überhaupt? Aus Angst vor einer Blamage wollte ich absagen. Ich war zunächst nicht fähig, darin eine Chance zu sehen, und schon gar nicht, dass es mit einem geringen Risiko möglich war, etwas ganz Neues auszuprobieren.

So suchte ich mal wieder Rat bei meinem Vorgesetzten und Mentor. Er schaute durch eine ganz andere Brille auf dieses Angebot.

»Das ist eine wunderbare Chance für Sie, die Sie unbedingt ergreifen sollten. Berichten Sie einfach, was die Mitglieder des Förderkreises erfolgreich umgesetzt haben, oder erzählen Sie, wie Sie bei Beiersdorf die Veranstaltungsreihe ›Kultur im Betrieb‹ erfolgreich auf- und umgesetzt haben«, lautete seine Empfehlung. »Nehmen Sie dies als eine gute Gelegenheit, bei einer noch jungen

Zielgruppe öffentliches Interesse an dem Erhalt des Mahnmals zu wecken.«

Noch zögerte ich. Nachdem ich eine Weile über das Angebot nachgedacht hatte, überwand ich endlich meine Selbstzweifel und gab meine Zusage. Allerdings rang ich zwischen Zusage und der realen Begegnung mit Studierenden noch ein paar Runden mit meinen Selbstzweifeln. Mal war ich stärker, mal hatten sie Oberwasser. Dann zermarterte ich mir den Kopf mit erdrückenden Fragen: Würde ich dem Anspruch der Hochschule entsprechen? Und dem der Studierenden? Wie wollte ich als Dozentin vor eine Gruppe treten, obwohl ich noch nie eine Vorlesung besucht hatte?

Um die Herausforderung zu bewältigen, entschied ich mich, in der ersten Vorlesung über die von mir 1992 initiierte Idee »Kultur im Betrieb« zu referieren. Das war bekanntes Terrain, ich hatte damit sehr viel Erfolg und wollte mit dem Titel »Kultur als synergetischer Multiplikator für das Firmenimage« bei den Studierenden Begeisterung erzeugen. Unternehmen, die eigene Kulturveranstaltungen für ihre Mitarbeiter, Angehörigen, Kunden, die Nachbarschaft durchführen, schaffen einen niedrigschwelligen Zugang zu kulturellen Liveveranstaltungen und Begegnungen über alle Hierarchiestufen hinweg.

Während ich eine Stunde vor Beginn der ersten Vorlesung in der Nähe der imposanten Villa am Harvestehuder Weg an der Außenalster parkte – hier waren die Räume der Hochschule untergebracht –, war mir beinahe schlecht wegen meines Mutes. Mit langsamen Schritten betrat ich das Gebäude, am liebsten wäre ich umgekehrt. Ich ging die Marmorstufen in den ersten Stock hoch, klopfte zaghaft an der Tür des Präsidenten. Die Sekretärin nahm mich in Empfang, und wenige Minuten später stand der Präsident vor mir. Er begrüßte mich ausgesprochen herzlich und bot mir einen Kaffee an. Vor mir saß ein brillanter Rhetoriker und ein wunderbarer Menschenfreund, der jeden seiner Gesprächspartner verbal umarmte und seinem Gegenüber augenblicklich innere Größe verlieh. Er vermittelte mir das Gefühl, dass sich die Studierenden auf mich und auf meine Vorlesung freuen würden.

Zunächst erläuterte er, warum er den Studiengang Kulturmanagement gegründet hatte: »Gerade in Zeiten des Umbruchs und dem Zwang zum Sparen ist effektives und kompetentes Kulturmanagement gefordert. Es wächst die Erkenntnis, dass Jammern und Klagen über Einsparungen nicht helfen, sondern es gilt, neue Konzepte für die Kultur im Sinne einer humanen Gesellschaft zu entwickeln und diese Konzepte einfallsreich und kreativ zu verwirklichen. Sie setzen in Ihrem Unternehmen innovative Kulturkonzepte um.«

Dank seiner Worte kam ein Hauch von Vorfreude auf, die vor mir liegende Aufgabe zu meistern. Diesen Mann zu unterstützen bei dem, was er sich vorgenommen hatte, der Kultur durch professionelles Management mehr Entfaltungsmöglichkeiten zu geben sowie ein neues Berufsbild zu etablieren, faszinierte mich und machte mir richtig Lust, mit meinem Praxiswissen einen Beitrag dazu zu leisten.

Kurz vor Vorlesungsbeginn begleitete er mich in den Hörsaal, stellte mich kurz vor und überließ mich dann den Studierenden. 1992 hatte sich PowerPoint noch nicht etabliert, wir arbeiteten noch mit Overheadprojektor und Folien. Ich hatte mich für sehr wenige Folien entschieden, dafür meine erste Vorlesung Wort für Wort aufgeschrieben, und fing an vorzulesen: »Wir holen die Kultur buchstäblich in den Betrieb, in Räume, in denen tagsüber gearbeitet wird, zum Beispiel treten dann in einer Werkstatt am Abend namhafte Künstler auf. Eine unkonventionelle Idee, die mit Unterstützung des Betriebsrats und dem Vorstand schnell umgesetzt wurde.«

Insgesamt würde ich aus heutiger Sicht sagen, klammerte ich mich ziemlich an meine Vorlage und las alles vor, was ich notiert hatte. Gelegentlich schaute ich von meinem Manuskript auf, um herauszufinden, wie die Studierenden reagierten. Sie hörten aufmerksam zu, stellten zwischendurch Fragen. Erst in der anschließenden Diskussion löste sich meine Anspannung. Ich beantwortete die Fragen immer lockerer und vermittelte offensichtlich neue spannende Inhalte aus der Arbeitswelt. Mir wurde bewusst, wie wichtig und interessant es für die Studierenden war, aus der Praxis zu lernen. Das ehrliche Interesse der jungen Menschen nahm mir die letzte Unsicherheit und erfüllte mich mit Freude. Die Studierenden hatten mir verziehen, dass ich die Vorlesung anfangs sehr wörtlich nahm und den Text vorlas.

Meine erste Vorlesung wurde ein Erfolg. Es folgte wenige Tage ein schriftlicher Dank verbunden mit der Bitte, mehrmals im Jahr Gastvorlesungen zu halten. Mit gesteigertem Selbstbewusstsein und einer gehörigen Portion Motivation nahm ich das Angebot an.

Der Einstieg in die Welt der Lehre führte dazu, dass ich mich mit dem Thema Fundraising intensiv auseinandersetzte und darauf spezialisierte, untermauert durch meinen konkreten praktischen Erfolg bei der Rettung des Mahnmals St. Nikolai. Nach und nach übernahm ich immer häufiger Vorlesungen. Die Schwerpunkte: Entwicklung von Fundraising als strategische Managementaufgabe sowie Presse- und Öffentlichkeitsarbeit für Non-Profit-Organisationen. Die Freude an der Lehre und auch meine Souveränität wuchsen: Die Tätigkeit als ehrenamtliche Dozentin im Studiengang Kulturmanagement wurde zu einem festen Bestandteil in meinem Leben. Später übernahm ich neben den Gastvorlesungen immer mehr Aufgaben an der Hochschule: Ich korrigierte Hausarbeiten, vergab Referate, betreute Diplomarbeiten, nahm mündliche Prüfungen ab, wirkte in der Aufnahmekommission mit, die die neuen Jahrgänge für das Studium auswählte.

Chancen ergreifen, auch die zweiten

Auch wenn uns speiübel wird vor Aufregung, bieten neue Aufgaben, vor die uns das Leben stellt und die uns manchmal sogar überfordern, jede Menge Lernkurven und Entwicklungsspielraum. Meine Erfahrung ist: Das hört nie auf! Und es lohnt sich, daran zu wachsen.

Aus diesem Grund gehört ein Nein im Zusammenhang mit Herausforderungen schon lange nicht mehr in mein Vokabular. Sonst hätte ich mich um viele Gelegenheiten und positiv prägende Erfahrungen gebracht. Souveränität bedeutet letztlich, den Chancen, die auf einen zukommen, gelassener und offener zu begegnen und den Mut zu finden, sich immer wieder zu trauen.

Nach meiner verlorenen Aufsichtsratswahl 1994 hatte ich mir vorgenommen, es in fünf Jahren erneut zu versuchen. Die fünf Jahre neigten sich bereits dem Ende zu, und ich fühlte mich hin- und hergerissen, ob ich es erneut wagen sollte. Ich hatte damals Ja gesagt zu einer Herausforderung – und verloren. Nun lag eine neue Chance vor mir. Sollte ich zugreifen? Wieder einmal war mir mulmig zumute. Mittlerweile weiß ich jedoch, dass Souveränität auch bedeutet, diese Angst zu akzeptieren, dennoch in Aktion zu treten und das Beste aus der bevorstehenden Aufgabe zu machen. Damals verstand ich, dass meine Herausforderung größer war als ich: nämlich den längst überfälligen weiblichen Anteil im Aufsichtsrat auszugleichen. »Es wird Zeit für eine Frau im Aufsichtsrat« war auch fünf Jahre später noch aktuell. Deswegen entschloss ich mich, mein Wirkungsfeld auszudehnen, nicht wissend, ob ich überhaupt noch einmal aufgestellt werden würde, ob die Aussichten auf einen Wahlsieg in der Zwischenzeit überhaupt gestiegen waren. Standen die Beiersdorf-Kollegen der VAA-Werksgruppe noch nach wie vor hinter meiner Kandidatur? Würde ich es diesmal besser machen, würde ich es diesmal schaffen? Die Bilder der Niederlage kamen mir ins Gedächtnis: Was wäre, wenn ich wieder nicht gewinnen würde?

Der Termin für die nächste Aufsichtsratswahl rückte immer näher. Neben dem kritischen Rückblick stellte ich mir die Sinnfrage. Machte es wirklich Sinn, mich auf den Weg zur Aufsichtsrätin zu begeben, einen neuen Anlauf zu wagen? Ich wollte meine Motivation genau ergründen und sie benennen, auch vorhandene Ängste schaute ich genauer an. Dies setzte eine hohe Bereitschaft zu Selbstreflexion und Selbsterkenntnis voraus. Das eigene Verhalten ehrlich zu reflektieren, dazu gehört eine Portion Mut. Wie gut, dass ich mir schon vor vielen Jahren angewöhnt hatte, meine Verhaltensmuster gründlich zu hinterfragen und diese mit meinem Mann zu diskutieren, schließlich kennt mich niemand besser als er.

Die kritische Rückschau ergab, dass ich in der Zwischenzeit gelernt hatte: Scheitern ist ein kreativer Prozess. Viele sehen im Scheitern ein Versagen, ich sehe darin mittlerweile ein Kämpfen um eine bestmögliche Lösung, die mich, auch wenn es nicht auf Anhieb klappt, auf jeden Fall weiterbringt. Thomas Edisons Worte motivieren mich: »Ich habe nicht versagt, ich habe nur mit Erfolg 10 000 Wege entdeckt, die nicht funktioniert haben.« Der US-amerikanische Erfinder probierte viele Jahre mit dem elektrischen Licht herum, bis er die Glühbirne erst nach vielen Jahren zum Leuchten brachte. Er hatte lange gezweifelt, es aber geschafft! Seine weisen Worte machen mir deutlich: Scheitern ist oft sogar die Voraussetzung für Erfolg. Verlieren bedeutet keineswegs, sein Gesicht zu verlieren, und schon gar nicht sollte man aufgeben, nur weil es beim ersten Mal nicht geklappt hat.

Aber damit war die Sinnfrage noch nicht geklärt: Warum war es mir wichtig, in den Aufsichtsrat von Beiersdorf gewählt zu werden? Weshalb sollte ich noch einmal einen Anlauf wagen? Meine Antwort: Die Arbeit im Aufsichtsrat ist für mich gelebte Demokratie, ich trage gern Verantwortung, will Veränderungen bewirken und nehme aktiv Einfluss auf Unternehmensentscheidungen. Das ist oft eine höchst befriedigende und genauso oft eine höchst frustrierende Sache, wenn Dinge wieder einmal nur in Zeitlupe vorangehen oder eigene Ideen nicht umgesetzt werden.

Ja, ich wollte erneut für den Aufsichtsrat kandidieren, auch um den Weg zu ebnen, damit Frauen sich in Zukunft ganz selbstverständlich für interne Gremien zur Wahl stellten. Ich wollte mitgestalten, meine Kompetenzen und meine Sichtweise als Frau in den Aufsichtsrat einbringen.

Ich halte es für eine Stärke von Frauen, sich eher an den Inhalten einer Aufgabe zu orientieren und auszurichten als an den Privilegien, die eine neue Aufgabe mit sich bringen kann. Der Mut zur Selbstreflexion dürfte bei Frauen höher sein als bei männlichen Kollegen. Deshalb stimmt wohl die Aussage »Männer haben Angst vor Machtverlust und Frauen haben Angst davor, Macht zu übernehmen«. Wenn es sich darum dreht, Zukunft zu gestalten, langfristige Entscheidungen zu treffen, dann erlebe ich, dass Frauen die Konsequenzen meist von verschiedenen Seiten betrachten; sie denken ganzheitlich, wägen eher einmal mehr ab als einmal weniger. Sie fragen sich: Wie wirkt sich diese oder jene Entscheidung kurz- und langfristig aus? Männer in Vorstands- oder Aufsichtsratspositionen fühlen sich meiner Erfahrung nach dadurch manchmal genervt. »Jetzt will sie noch mal damit anfangen«, heißt es dann. Oder: »Das hatten wir doch schon, warum muss sie nun noch eine Schleife drehen?« Auf die Gefahr hin, dass ich ein Klischee bediene: Manche Männer setzen sich ihre Ziele häufig zu fokussiert, zu kurzfristig. Sie denken oft in Vertragslaufzeiten, doch das ist keine gesunde Grundlage für langfristigen Unternehmenserfolg. Es kommt nicht nur darauf an, Jahr für Jahr die nächste Umsatz- und Ertragserhöhung zu erreichen, sondern auch darauf, die Qualität des Umsatzes, gepaart mit dem Nutzen, den ein Unternehmen für seine Kunden generiert, zu sichern. Ich bin der Auffassung, nur wer in Generationen denkt, kann und wird eine lebens- und liebenswerte Zukunft gestalten.

Damals rechnete ich mir an, in den vergangenen fünf Jahren, also seit der ersten verlorenen Wahl, eine Menge getan und gelernt zu haben: Ich unterstützte weiterhin die VAA-Werksgruppe und pflegte einen engen Austausch zu den amtieren VAA-Aufsichtsräten. Ich fand immer mehr Freude daran, mich für die Interessen der Mitarbeiter und des Unternehmens einzusetzen. Ich befasste mich intensiv mit den Regeln der unternehmerischen Mitbestimmung, lernte genauer, wie sich der Aufsichtsrat zusammensetzt und für welche Entscheidungen dieses Gremium verantwortlich ist.

Es ist immer wieder erstaunlich, wie wenig sich die Kolleginnen und Kollegen dafür interessieren, was in den wichtigsten Gremien ihres Unternehmens – Betriebsrat, Sprecherausschuss, Aufsichtsrat – entschieden wird und wer dort ihre Interessen vertritt. Die Zahl der Mitarbeiter, die bereit sind, sich für interne Wahlen als Kandidaten aufstellen zu lassen, nimmt ab. Sie scheuen den zusätzlichen Zeitaufwand. Mich ärgern pauschale Aussagen wie: »Ich kann ja doch nichts bewirken!« Oder: »Die da oben machen ja eh, was sie wollen!« Dächten wir alle so, würden wir die wertvolle Mitbestimmung von Arbeitnehmern aufs Spiel setzen – oder denen das Feld überlassen, die innerlich mit dem Unternehmen abgeschlossen haben und deren Interesse es eher ist, ihre Haut zu retten.

Dieses Desinteresse setzt sich bei der Wahlbeteiligung fort, die mit Werten zwischen knapp 50 und gut 60 Prozent sehr niedrig liegt, unabhängig von Betriebsrats-, Sprecherausschuss- oder Aufsichtsratswahlen. Diese Tatsache stellt Unternehmen vor Probleme. Es führt dazu, dass Menschen an die Macht kommen, die ihre persönlichen Interessen über die des Unternehmens und seiner Mitarbeiter stellen.

Demokratie lebt auch im Unternehmen vom Mitmachen. Das ist wie in der Politik: Wenn nur jeder zweite Wahlberechtigte von seinem Wahlrecht Gebrauch macht, bestimmt nur die Hälfte – im schlimmsten Fall sind es dann Randgruppen – über wichtige Entwicklungen in unserer Gesellschaft. Eine geringe Wahlbeteiligung kann nicht das Meinungsbild der gesamten Bevölkerung abbilden.

Nicht-Wähler schwächen so die Demokratie. Keine Meinung zu vertreten, keine Entscheidung zu treffen, ist auch eine Entscheidung. Konstruktiv ist derjenige, der sein Wahlrecht nutzt, der aktiv mitmacht. Auch das ist ein Grund, warum ich mich für eine erneute Kandidatur entschied: Ich wollte gestalten, nicht gestaltet werden.

Meine Neugierde, Neues zu lernen, auszuprobieren, wo meine Stärken, aber auch meine Grenzen liegen, fand mit der Mitbestimmung ein konkretes Thema. Es sollte mich in meinem Arbeitsleben nicht mehr loslassen. Meine Akzeptanz in der VAA-Werksgruppe hatte in den letzten Jahren zugenommen. Es war mir wichtig, konkrete Beiträge in das Team einzubringen, auf Augenhöhe mit der Gruppe zu diskutieren. Meine journalistischen Kenntnisse und Fähigkeiten wurden gebraucht und geschätzt. Ich war in das Team hineingewachsen, und meine anfängliche Befangenheit vor den überwiegend männlichen Akademikern hatte ich abgelegt. Stück für Stück verstand ich, was mich motivierte, mehr Aufgaben zu übernehmen: In meinem Job konnte ich meine Fähigkeiten nur zu einem kleinen Teil nutzen. Die Arbeit in der VAA-Werksgruppe gab mir Gelegenheit, meine Fertigkeiten sinnstiftend einzubringen und diese mit den Kompetenzen anderer Kollegen zu kombinieren, von ihnen zu lernen. Zunehmend konnten wir auch Kolleginnen ermutigen, sich für ehrenamtliche politische Arbeit zu interessieren. Ich wollte die Zukunft von Beiersdorf mitgestalten, im Unternehmen mitwirken, und zwar dort, wo die wesentlichen Entscheidungen getroffen werden: im Aufsichtsrat.

Die VAA-Kollegen standen hinter mir und ermutigten mich, erneut zu kandidieren. Außerdem hatte ich die vergangenen fünf Jahre genutzt, um meine Sichtbarkeit im Unternehmen zu erhöhen. Durch meinen Job als Pressereferentin hatte ich zahlreiche persönliche Kontakte zu allen Unternehmensbereichen aufgebaut. In den Medien wurde ich immer häufiger zitiert, und die 1992 von mir initiierte Veranstaltungsreihe »Kultur im Betrieb« fand immer größeres Interesse. Und: 1998 übernahm ich ehrenamtlich wieder einmal als erste Frau einen Vorsitz, dieses Mal für die Beiersdorf-Sportgemeinschaft mit mehr als 1200 Mitgliedern.

Wenn ich ehrlich war, wusste ich bereits nach der verlorenen Aufsichtsratswahl 1994, dass ich mit dem Slogan »Es wird Zeit. Eine Frau in den Aufsichtsrat« inhaltlich recht hatte. Es ging mir darum, meiner Empörung über die Unmöglichkeit Ausdruck zu verleihen, dass in einem 1882 gegründeten Hautpflegekonzern, dessen Zielgruppe vorwiegend Frauen waren, weder im Aufsichtsrat noch im Vorstand Frauen an Entscheidungen beteiligt waren. Leider war bei der letzten Wahl, wie ich schon festgestellt hatte, die Zeit für diese Botschaft noch nicht reif gewesen.

Die nächste Aufsichtsratswahl rückte näher. Mit mehr Wissen rund um die Mitwirkung in einem Aufsichtsrat, einer besseren Vernetzung im Unternehmen als bei meinem ersten Wahlkampf sowie einer Wahlkampagne mit einem neuen Slogan – »Augen auf. Nur wer wählt, bestimmt die Zukunft« – trat ich ein weiteres Mal für ein Mandat an. Mit der Unterstützung des VAA-Teams fühlte ich mich gestärkt. Wir wollten wieder drei von sechs möglichen Sitzen für den VAA gewinnen: den Sitz der Angestellten, den Sitz der leitenden Angestellten und einen von zwei Gewerkschaftssitzen. Wir rechneten uns eine reelle Chance aus, dieses Ziel zu erreichen. Optimistisch sahen wir der Wahl entgegen. Zu verlieren hatte ich nichts, sondern nur etwas zu gewinnen.

Ernst genommen werden

Kaum wurde bekannt, dass ich erneut kandidieren würde, bat mich der damalige Vorstandsvorsitzende um ein Gespräch. Er wirkte schon wütend, als ich sein Büro betrat.

»Mir ist zu Ohren gekommen, dass Sie gegen unseren amtierenden Betriebsratsvorsitzenden antreten wollen. Stimmt das?«, fragte er vorwurfsvoll.

Ich verstand seine Frage, aber nicht den Sinn, der darin lag.

»Ja, ich lasse mich für ein Mandat der Angestellten aufstellen und werde dabei von unserer VAA-Werksgruppe unterstützt. Spricht aus Ihrer Sicht irgendetwas dagegen?«

»Da spricht einiges dagegen. Der wesentliche Punkt ist: Sollten Sie tatsächlich in den Aufsichtsrat gewählt werden, besteht das Risiko, dass der Beiersdorf-Betriebsrat nicht wiedergewählt wird. Können Sie sich vorstellen, was das für das Unternehmen bedeutet?«

Erstaunt und irritiert zugleich über seine Darstellung, stand ich einen Augenblick lang sprachlos da.

»Ich möchte Sie bitten, sich Ihre Kandidatur noch einmal gründlich zu überlegen«, sagte er knapp, dann drehte er mir den Rücken zu und betrachtete das Gespräch als beendet.

Die Gedanken rasten kreuz und quer durch meinen Kopf. Wollte er mich wirklich davon abhalten zu kandidieren?

»Wenn der Betriebsratsvorsitzende die Akzeptanz der Mitarbeiter hat, wird er wiedergewählt, bekommen hingegen andere Kandidaten oder ich mehr Stimmen, ist er vielleicht nicht der, dem die Kollegen vertrauen«, entgegnete ich so beherrscht wie möglich, um meinem aufkommenden Gefühl von Empörung nicht nachzugeben. »Demokratie bedeutet, dass sich jeder zur Wahl stellen kann. Sie meinen doch nicht wirklich, nur weil ich gute Chancen habe, sollte ich nicht antreten? Ich werde kandidieren und die Gewerkschaft sowie unsere Werksgruppe über unser Gespräch informieren.«

Nach diesen Worten verließ ich stinksauer das Büro des Vorstandsvorsitzenden. Ich schätzte ihn sehr und war umso mehr erstaunt über seine Reaktion. An diesem Tag verstand ich, dass ich nicht zu den Mitarbeitern gehörte, die sein Vertrauen genossen. Vielleicht wäre ich nicht so enttäuscht über seine Reaktion gewesen, hätte er einen anderen Ton gewählt, mich ernst und sich Zeit für das Gespräch genommen, statt zwischen Tür und Angel mit mir zu reden. Ich hätte mir gewünscht, dass er meinen Wunsch zu kandidieren nachvollzogen, mir Respekt entgegengebracht hätte. Ich dachte: Nach dieser Kampfansage kann es ja heiter werden, sollte ich in den Aufsichtsrat gewählt werden.

»Stellen Sie sich vor, ich komme direkt vom Vorstandsitzenden, ich soll nicht kandidieren«, stürzte ich noch immer aufgebracht in das Büro meines Chefs.

»Betrachten Sie das als Kompliment«, sagte er, als ich ihm von der Begegnung ausführlich berichtet hatte. »Der nimmt Sie ernst, das können Sie mir glauben. Das ist sehr gut. Informieren Sie ihre VAA-Leute und entscheiden Sie gemeinsam, ob Sie darauf reagieren wollen. Unterschätzen Sie niemals den Nutzen und den Einfluss von persönlichen Netzwerken und die Unterstützung durch kompetente Dritte. Sie haben alles richtig gemacht. Ziehen Sie jetzt durch, was Sie sich vorgenommen haben.«

Bevor ich das Gespräch mit meinen VAA-Kollegen suchte, entschied ich mich, den amtierenden Betriebsratsvorsitzenden, also meinen Gegenkandidaten, direkt anzusprechen. Ich vereinbarte einen Termin mit ihm, und wir führten ein sehr ehrliches und offenes Gespräch. Mir ging es darum aufzuzeigen, dass ich nicht gegen ihn kandidieren wolle, sondern ein ernstes Anliegen vertrat und dafür um Verständnis warb. Die Voraussetzungen für die Mitwirkung im Aufsichtsrat hätte ich mir erworben, sodass ich künftig inhaltlich wertvolle Beiträge einbringen würde. Darüber hinaus erläuterte ich, wie wichtig es wäre, dass qualifizierte Frauen in Gremien, in denen elementare Entscheidungen getroffen werden, sichtbar würden und zunehmend Verantwortung übernähmen. Ich sagte ihm zu, einen fairen Wahlkampf zu führen. Unabhängig davon, wer von uns am Ende die Wahl gewinnen würde: Mir war es wichtig, dass wir uns auch Zukunft in die Augen schauen konnten. Wir gaben uns das gegenseitige Versprechen und die Hand darauf, die Wahl nicht als persönlichen Angriff zu verstehen und alles genau so umzusetzen.

Endlich ging er los, der Wahlkampf. Wir hatten ein neues Konzept und wie erwähnt auch ein neues Motto: »Augen auf. Nur wer wählt, bestimmt die Zukunft.« Eine weitere weibliche Kollegin hatte sich entschieden, als meine Ersatzkandidatin anzutreten. Mit geballter Frauenpower starteten wir gemeinsam. Ihr erinnert euch an die junge Frau auf der Parkbank, an den Unterschied zwischen Public Relations und Werbung? Ich wählte für den Wahlkampf das Prinzip der Public Relations, nicht das der Werbung. Kolleginnen und Kollegen äußerten sich schriftlich zu meiner Person und befürworteten die Kandidatur:

»Ich wähle Manuela Rousseau, weil ich sicher bin, dass sie sich im Aufsichtsrat für die Belange aller Kollegen starkmachen wird.«

»Ein wesentliches Merkmal ist ihre hohe Zuverlässigkeit. Bei allen Entscheidungen hat sie ein ausgeprägtes Gefühl für die Interessen und Bedürfnisse der Kollegen.«

»Manuela Rousseau ist durch ihren journalistischen Hintergrund gewohnt, Dinge zu hinterfragen und mit Hartnäckigkeit Themen zu verfolgen. Sie arbeitet zielorientiert, denkt dabei langfristig und strategisch. Sie geht auf Menschen zu – jenseits von festgefahrenen Positionen.«

Und in meinen Wahlunterlagen versprach ich: Ich werde meine Kraft und Fantasie dafür einsetzen, dass neue Denkansätze zur Erhaltung unserer Arbeitsplätze diskutiert werden, statt in ideologisch geprägten Positionen zu verharren. Die Erfolge unseres Unternehmens beruhten in der Vergangenheit auf der hohen Motivation und Einsatzbereitschaft der Mitarbeiter. Hier gilt es für den Aufsichtsrat – im Rahmen seiner Möglichkeiten – auf den Vorstand einzuwirken, wieder eine motivierende Unternehmenskultur herzustellen. Nur diese garantiert langfristig die Qualität unserer Leistungen und damit auch den wirtschaftlichen Erfolg.

Das lange Warten auf die Ergebnisse kannte ich bereits von der ersten Aufsichtsratswahl. Die Aufregung war trotzdem genauso groß wie 1994. Wir hatten im Vorfeld einen harten, aber guten Wahlkampf geführt. Wie würde es dieses Mal ausgehen? Die Erinnerungen von damals kamen in mir hoch. Würde ich die Frau in der Produktion, die ihre Hoffnungen in mich gesetzt hatte, wieder enttäuschen? Würde mich abermals die Traurigkeit überfallen, wenn es nicht klappen sollte? Hatte ich es besser gemacht als beim ersten Mal?

Ich wartete in meinem Büro, und ein Kollege ging immer wieder ins Wahllokal im Erdgeschoss, um den Zwischenstand der Auszählung zu verfolgen und mich auf dem Laufenden zu halten. Irgendwie schaffte ich es, mich die drei Stunden, bis das Ergebnis bekannt gegeben werden sollte, abzulenken. Es blieb bis zum Schluss spannend; der Ausgang war nicht abzusehen. Meine Anspannung nahm mit jeder Minute zu, schließlich verließ ich mein Büro im fünften Stock und begab mich ins Wahlbüro, um die letzte Phase live mit allen anderen Kandidaten zu erleben. Gegen zwanzig Uhr hatte das Warten endlich ein Ende.

Bei einer Wahlbeteiligung von 53 Prozent (2061 Stimmen) entfielen 1076 Stimmen auf mich, das waren 52 Prozent der abgegebenen Stimmen. Mein Gegenkandidat, der amtierende Betriebsratsvorsitzende, erhielt 48 Prozent, also 985 Stimmen. Das war knapp, dennoch hatten die Kollegen mir erstmals ihr Vertrauen geschenkt. Ich hatte die Wahl tatsächlich gewonnen. Die Nachricht verbreitete sich wie ein Lauffeuer. Kolleginnen und Kollegen jubelten gleichermaßen mit mir, sie klopften mir auf die Schulter, umarmten mich, gratulierten zum Sieg und signalisierten mir Sympathie und Begeisterung. Ich fühlte, wie mir ein Stein vom Herzen fiel, ich war glücklich und dankbar für das entgegengebrachte Vertrauen, dankbar, nicht eine zweite Niederlage einstecken zu müssen. Und freute mich auf das neue Amt. Aufsichtsrätin! Ein stiller Dialog mit meiner Mutter fand dieses Mal nicht statt. Im realen Leben staunte sie über meinen Erfolg und gratulierte mir. Unser VAA-Team feierte den Erfolg bis tief in die Nacht. Es dauerte ein paar Tage, bis ich realisierte: Ich hatte es im zweiten Anlauf tatsächlich geschafft! 1999 zog ich in den Beiersdorf-Aufsichtsrat ein.

Mut wird belohnt

1998 erhielt der Studiengang Kulturmanagement eine großzügige Spende für eine Stiftungsprofessur, finanziert auf fünf Jahre, damit konnte erstmals seit der Gründung des Studiengangs eine hauptamtliche Professorenstelle eingerichtet werden. Der Präsident der Hochschule holte mich in die Berufungskommission – für mich erneut ein Sprung ins kalte Wasser. Dadurch lernte ich das aufwendige und komplexe universitäre Stellenbesetzungsprozedere kennen und konnte aktiv daran mitwirken, eine qualifizierte Leitung für den Studiengang Kulturmanagement zu finden.

Nachdem der neue Studiengangleiter seine Arbeit 1999 aufgenommen hatte, stattete er allen Dozenten und Professoren einen Besuch ab.

»Frau Rousseau, Sie sind nun schon seit 1992 bei uns am Institut tätig«, lautete eine seiner ersten Feststellungen. »Sie wirken in unseren Gremien mit, Sie unterrichten regelmäßig – warum haben Sie bei uns am Institut eigentlich keinen festen Lehrauftrag?«

»Mich hat bisher niemand gefragt«, antwortete ich überrascht. »Außerdem fehlt mir die akademische Vorbildung.«

»Das ehrt Sie sehr. Wenn ich Ihnen erzähle, wie viele Männer versuchen, mit Argumenten aller Art oder sogar Finanzzusagen eine Professur zu erhalten, würden Sie mir dies wahrscheinlich nicht glauben. Lassen Sie es mich so sagen: Würden Sie gefragt werden, ob Sie einen festen Lehrauftrag verbunden mit einer Professur für den Studiengang annehmen würden, wären Sie dazu bereit?«

»Ja«, antwortete ich erstaunt und mit einem Lächeln. »Aber geht das überhaupt? Welche Voraussetzungen müsste ich erfüllen?«

»Das ist in der Tat mit Aufwand verbunden: Zwei unabhängige Gutachter müssen bestätigen, dass Sie in der Lehre tätig sind und in Ihrem Fachgebiet herausragende Kenntnisse mitbringen. Da Sie über keine formale akademische Ausbildung verfügen, wäre es vorteilhaft, wenn Sie zu Ihrem Fachgebiet Fundraising eine Publikation verfassen würden. Wichtig für Sie: Sie sind bei einer Ernennung zur Professorin, anders als im Status der Gastdozentin, zur regelmäßigen Lehre verpflichtet – ohne Honorar.« Er erläuterte mir, dass es nach dem Hamburger Hochschulgesetz möglich sei, Personen, die sich durch »hervorragende, denjenigen einer Professorin oder eines Professors entsprechenden Leistungen auszeichnen«, die akademische Bezeichnung Professorin oder Professor zu verleihen, auch ohne akademische Vorbildung. Wir gingen erst einmal ohne eine Entscheidung auseinander.

Einen Tag später rief mich der Präsident der Hochschule an: »Hallo, Frau Rousseau, ich hatte gestern einen Austausch mit unserem neuen Institutsleiter. Er fragte mich, warum Sie nicht zum festen Lehrkörper zählen, obwohl Sie seit sechs Jahren kontinuierlich unterrichten, Diplomarbeiten betreuen, in der Aufnahme- und Prüfungskommission mitwirken. Sie sind bei unseren Professoren und Studierenden sehr beliebt. Ich würde mich sehr freuen, wenn wir Sie als erste weibliche Professorin berufen dürften. Bitte entschuldigen Sie, dass ich nicht selbst auf die Idee gekommen bin, Ihnen eine Professur im Studiengang Kulturmanagement anzutragen. Ich hole die Frage hiermit nach: Könnten Sie sich vorstellen, in unser Team zu kommen und eine feste Lehrverpflichtung zu übernehmen?«

Mir blieb fast die Luft weg. Aufgeregt bedankte ich mich für das entgegengebrachte Vertrauen und die Anerkennung für meine bisherige Leistung und nahm mit großem Enthusiasmus sein Angebot an.

Der formale Prozess nahm seinen Lauf. Zwei Gutachter bestätigten, dass ich die pädagogischen und didaktischen Voraussetzungen in der Lehre seit 1992 erfüllte und fachliche Pionierarbeit auf dem

Gebiet des Fundraising geleistet hatte. Am 27. Dezember 2000 stand ich im Büro des Präsidenten. Genau in dem Büro, in dem ich 1992 gesessen und mich auf meine allererste Gastvorlesung eingestimmt hatte. In wenigen Minuten würde mir der Präsident feierlich die Ernennungsurkunde zur Professorin übereichten. Nie hätte ich mir träumen lassen, diesen Moment zu erleben. Ich war glücklich, dass mein Mut, Ja zu sagen zu der ersten Gastvorlesung, heute belohnt wurde. Das Gefühl war unbeschreiblich. Nun hatte ich es schriftlich: Ich war gut genug. Ich dachte: Mal abwarten, ob mich das vor weiteren Selbstzweifeln in meinem Leben bewahren wird. Mein Mann schaute mich während der Ernennung mit Stolz und Tränen in den Augen an. Es berührte mich tief, dass er diesen Moment mit mir teilte, an meiner Seite stand, mir den Erfolg von ganzem Herzen gönnte.

In meinem Umfeld – Familie, Freunde, Vorgesetzte, Kolleginnen und Kollegen – wurde diese Ernennung mit großer Freude aufgenommen. Mein Lehrbuch *Fundraising-Management, Methoden und Instrumente* erschien 2009.

Als ich ein paar Tage später das neue Namensschild an meiner Bürotür und meine Visitenkarten entsprechend um meinen neuen Titel ergänzen lassen wollte, fragte mich der damalige amtierende Vorstandsvorsitzende meines Arbeitsgebers, ob ich denn berechtigt sei, diesen akademischen Titel zu tragen, und ob ich dies schriftlich nachweisen könne. Meine Verblüffung war groß: Sollte eine staatliche offizielle Titelverleihung tatsächlich bezweifelt werden? Warum stellte er diese Frage? Hätte er sie auch einem männlichen Kollegen gegenüber formuliert? Irritation, gar Neid? Jedenfalls gab es seinerseits keine Gratulation, keinen Funken von Unterstützung oder Anerkennung für diese Verleihung, die mir selbst so viel bedeutete. Selbstverständlich hatte ich zuvor der Personalabteilung die Ernennungsurkunde zur Verfügung gestellt, um mich zu legitimieren. Offensichtlich aber traute mir unser Vorstandsvorsitzende eine akademische Lehrtätigkeit nicht zu.

Dazu passt dann noch folgende Anekdote: Die Personalabteilung änderte meine Namensangabe von »Manuela Rousseau« in »Manuela Professor«. Auf meine Nachfrage, was denn da passiert wäre, antwortete die Kollegin: »Haben Sie denn nicht geheiratet?«

Raus aus der Komfortzone

Souveränität heißt auch, seine Komfortzone immer wieder zu verlassen, eigene Standpunkte zu entwickeln und diese konsequent zu vertreten, seine Meinungen ehrlich zu äußern, klare Entscheidungen zu treffen und zu lernen, mit Konsequenzen zu leben, wenn Dinge schieflaufen. Das ist wahrlich nicht immer einfach. Da gehört ein starkes Rückgrat dazu, engagiertes Handeln und das innere Wissen, dass nicht jede Entscheidung die richtige sein wird. Du darfst du selbst sein – mit all deinen Facetten. Du musst es sogar, um mutig agieren zu können.

In Büchern, die sich mit dem Thema Zeitmanagement beschäftigen, kann man oft lesen, dass Frauen schwer Nein sagen können. Gleichzeitig wird konstatiert, dass ein Nein aber wichtig sei, um sich auf eigene Ziele zu fokussieren und sich gleichzeitig nicht zu überlasten. Grundsätzlich stimme ich dem zu.

Auch ich habe immer wieder erlebt, dass Frauen Probleme haben, Nein zu sagen. Die erwähnten Bücher propagieren dann verschiedene Strategien, wie man dies trotzdem geschickt anstellen kann. Aus meiner Sicht geht es im Wesentlichen aber um etwas anderes: Entscheidend ist nicht, Nein zu sagen zu dem, was zu viel ist, sondern vor allem zu dem, was sich nicht richtig anfühlt und nicht passt.

Für uns Frauen geht es um die integrative Verbindung zwischen einer wichtigen Aufgabe und deren entschlossener Realisierung. Wenn wir uns sehr früh bewusst machen, warum wir etwas tun oder tun wollen, können wir unseren eigenen Standpunkt klar und deutlich zum Ausdruck bringen und dann viel bewusster ein Nein formulieren. Oder auch ein Ja.

Nein sagen

In einer demokratischen Gesellschaft gilt: Menschen haben unterschiedliche Meinungen. Wer aber einen eigenen Standpunkt wirkungsvoll vertreten will, muss sich vorab intensiv inhaltlich vorbereiten. Pro und Kontra müssen abgewogen werden, um zu einer fundierten Meinung zu kommen, die auch bei Gegenwind standhalten kann. Diskussionen, die auf diesem Niveau geführt werden, erlebe ich als qualitativ hochwertig und effizient, sie stärken die Diskussionskultur und fördern den Respekt vor Andersdenkenden: Ich kämpfe für meine Position, argumentiere hart in der Sache, bin aber auch bereit, abweichende Standpunkte zu akzeptieren und meine Meinung zu ändern. Denn auch der andere könnte recht haben, weil ich vielleicht Aspekte übersehen habe. Kurz: Es geht immer darum, gemeinsam die beste Lösung zu finden. Und: Beschlüsse, die mehrheitlich getroffen wurden, akzeptiere ich.

Als Arbeitnehmervertreterin im Aufsichtsrat stelle ich mir oft vor, die Kolleginnen und Kollegen, die mich gewählt haben, säßen mit im Raum. Sie hören zu, an welchen Stellen ich ihre Interessen vertrete, wie ich argumentiere, kämpfe, auch mal nichts zur Diskussion beitrage oder mich vielleicht sogar still der Mehrheit anschließe. Letzteres kommt aber so gut wie nie vor, denn das entspricht in keiner Weise meinem Verständnis von diesem Amt. Die Kollegen, die mir ihr Vertrauen geschenkt haben, erwarten, dass wir Arbeitnehmervertreter uns für die langfristigen Interessen des Unternehmens einsetzen und damit insbesondere auch für die Sicherheit der Arbeitsplätze.

Wann immer Betriebsteile verkauft, geschlossen oder neue Investitionen getätigt werden, geht es um komplexe, folgenschwere Entscheidungen, die es gut vorzubereiten und abzuwägen gilt, weil damit auch der Verlust von Arbeitsplätzen verbunden sein könnte. Um verantwortungsbewusste Entscheidungen zu treffen, bilden wir sechs Arbeitnehmervertreter uns gemeinsam eine Meinung, indem wir alle Themen im Vorfeld eingehend diskutieren und die jeweiligen Chancen und Risiken sorgsam abwägen. Alle von uns machen sich im Betrieb regelmäßig ein eigenes Bild und holen sich umfassende Informationen ein. Durch die vielfältige Vernetzung im Unternehmen, sei es im Betriebsrat, im Sprecherausschuss oder einfach dadurch, dass ein enger Austausch zum Kollegium besteht, sind wir Arbeitnehmervertreter in der Lage, ein breites, basisorientiertes Meinungs- und Stimmungsbild zu erstellen. Genau darin liegt die Stärke der Mitbestimmung der Arbeitnehmervertreter, denn diese wissen genau, was vor Ort im Betrieb passiert und was das Kollegium bewegt.

Alles, was im Aufsichtsrat thematisiert und entschieden wird, unterliegt einer strengen, gesetzlich verankerten Verschwiegenheitspflicht. Aus diesem Grund kann ich im Folgenden keine Details berichten. Die Themen selbst sind hier auch gar nicht relevant, denn es geht mir darum aufzuzeigen, warum es so entscheidend ist, souverän die eigene Position zu wichtigen Inhalten zu vertreten – allen Widerständen zum Trotz.

Fakt ist, dass ich in einer Aufsichtsratssitzung bei einer sehr relevanten Angelegenheit nicht mit Ja stimmen konnte, weil ich der festen Überzeugung war, dass diese Entscheidung das Unternehmen keinesfalls stärken, sondern erheblich schwächen würde. Ich war sicher, dass wir diesen Schritt irgendwann bereuen. Ich wusste, dass auch einige Mitarbeiterinnen und Mitarbeiter, die an diesem Projekt mitwirkten, den bereits absehbaren Beschluss des Aufsichtsrats sehr kritisch sahen.

Nachdem ich mich mit meinen Arbeitnehmerkollegen beraten hatte, wurde deutlich, dass sie meine Bedenken teilten. Sie meinten aber, dass es aufgrund der langen zeitlichen Vorläufe und des fortgeschrittenen Prozesses zu spät wäre, jetzt noch etwas zu ändern, obwohl sie meine Einwände nachvollziehen konnten. Ich stand vor einem Dilemma: Nur weil es zu spät kam, sollte ich mit einem Ja stimmen? Warum durfte ich meine Meinung nicht vertreten, auch wenn diese am Abstimmungsergebnis letztlich nichts ändern würde? Mir wurde klar: Ich würde mit meiner ablehnenden Haltung offensichtlich allein dastehen. Trotzdem ermutigten mich die Kollegen, meinem Gewissen zu folgen und meine Position einzubringen. Ich bereitete mich sehr gründlich auf meine Argumentation vor, erstellte eine schriftliche Vorlage, die ich immer wieder verwarf, bis ich mich endlich auf den genauen Wortlaut festlegte, den ich in der Sitzung vortragen und damit auch zu Protokoll geben wollte. Es quälte mich der Spagat zwischen einem stillen Ja und einem lauten Nein.

Ich konnte nicht ahnen, was ich auslösen sollte, und die Wirkung meiner Worte, die ich völlig unterschätzt hatte, werde ich niemals vergessen.

Als der entsprechende Tagesordnungspunkt aufgerufen wurde, begann mein Puls zu rasen, ich hatte Angst vor dem, was ich gleich vortragen wollte. Denn alle Verhandlungen für das Projekt waren geführt und die Verträge bereits vorbereitet worden, ein Zurück war ausgeschlossen. Warum wollte ich jetzt noch meine Bedenken auf den Tisch legen? Warum konnte ich nicht einfach schweigen und mich der Mehrheitsmeinung anschließen? Die schlichte Antwort: Ich war damals und bin bis heute davon überzeugt, dass diese Entscheidung falsch sein würde. Also holte ich tief Luft und meldete mich zu Wort. Meine Stimme zitterte, mein Gesicht war heiß und mein Herz klopfte laut: »Ich habe sehr lange mit mir gerungen, ob ich diesem Antrag zustimme. Das kann ich leider nicht tun, denn ich schätze die Situation völlig anders ein.« Dann begründete ich ausführlich, warum ich dagegen stimmen würde, und bat um Verständnis für meine Entscheidung.

In diesem Moment hätte man die berühmte Stecknadel fallen hören können. Nach betretenem Schweigen fielen Sätze wie: »Ach, Frau Rousseau, wenn Sie mir doch die Gelegenheit geben würden, Ihnen draußen auf dem Flur noch einmal die Zusammenhänge darzulegen …« Oder: »Ich verstehe Ihre persönliche Meinung, aber hier geht es nur um die Sache …« Oder: »Der Vorgang ist doch schon so gut wie abgeschlossen, da hätten Sie sich deutlich früher in die Diskussion einbringen müssen …« Es ging allen vor allem darum, unbedingt einen einstimmigen Beschluss erzielen zu wollen. Daher fühlte ich mich stark unter Druck gesetzt, nicht als Einzige dagegen stimmen zu dürfen. Denn ich wollte die beste Entscheidung für das Unternehmen und das Kollegium und konnte (und wollte) nicht nachvollziehen, warum eine abweichende einzelne Meinung nicht möglich sein sollte. Die Mehrheit war ja gar nicht in Gefahr. Warum erzeugte meine aus der Reihe tanzende Ansicht eine so hohe Emotionalität? Demokratie lebt davon, dass unterschiedliche Meinungen sachlich erörtert und zur Diskussion gestellt werden. Dabei wird nach Lösungen gesucht, oft wird mühselig um diese gerungen. Kompromisse muss es fast immer geben, sie sind häufig für alle Seiten sogar die beste Variante. Danach sollte diese dann auch konsequent von allen Beteiligten mitgetragen werden. Dieses Vorgehen stellte ich an dieser Stelle aber in keiner Weise infrage. Entscheidend war: Sollte ich einfach nur mit einem Ja stimmen, ohne Berücksichtigung meiner eigenen nicht konform gehenden Meinung? Welche Möglichkeit blieb mir in dieser Situation? Ich beantragte eine kurze Unterbrechung der Sitzung, um mich mit den Arbeitnehmervertretern zu beraten. Wir zogen uns in einen Nebenraum zurück. Ich war noch völlig irritiert von den heftigen Reaktionen und fragte meine Kollegen, was ich tun solle.

Bevor wir uns austauschen konnten, wurde die Tür von außen aufgerissen und der damalige Aufsichtsratsvorsitzende, eine völlig andere Persönlichkeit als der aktuell amtierende Aufsichtsratsvorsitzende, stürzte ins Zimmer und schrie: »Was fällt Ihnen ein, die

Sitzung zu unterbrechen? Sind Sie wahnsinnig, alle anderen in eine solche Situation zu bringen? Kommen Sie sofort zurück.« Dann verließ er türenknallend den Raum. Ich schaute in die Runde, die Empörung über dieses anmaßende oder unangemessene Verhalten verblüffte und entsetzte uns alle gleichermaßen. Was passierte hier gerade? Wie sollte ich mich verhalten, wenn wir die Sitzung gleich fortsetzen würden?

Ein Kollege fragte: »Könntest du dich zu einer Enthaltung durchringen?«

»Manuela«, sagte ein anderer, »hier ist etwas eskaliert, hier ist eine Situation entstanden, die du so nicht beabsichtigt hast, die du nicht hast vorhersehen können. Ebenso wenig wie wir. Es wäre ein gutes Signal, wenn du jetzt ein wenig einlenkst.«

Die anderen nickten zustimmend. Ich stand erneut unter einem enormen Druck. Mir ging es ja gar nicht um mich und meine persönliche Meinung, sondern viel grundsätzlicher darum, dass es jetzt und in Zukunft möglich sein musste, unterschiedliche Auffassungen offensiv vertreten und dementsprechend abstimmen zu können, ohne dafür angegriffen zu werden. Dieses Recht hatte ich in Anspruch genommen. Konnte ich nun irgendwie noch zurück, ohne unglaubwürdig zu werden? Schweren Herzens entschied ich mich, nicht einzuknicken, sondern einzulenken. Ich dachte an das Zitat des französischen Schriftstellers André Maurois': »Das Schwierigste am Diskutieren ist nicht, den eigenen Standpunkt zu verteidigen, sondern ihn zu kennen.«

Nach wenigen Minuten, in denen ich versucht hatte, mich zu sammeln und meine Fassung wiederzuerlangen, kehrten wir in den Sitzungsraum zurück und nahmen unsere Plätze ein. Alle Blicke gingen in meine Richtung.

Ich ergriff das Wort: »Meine Herren, ich habe Ihnen keine Gelegenheit gegeben, dass Sie mir Ihre Sichtweise noch einmal abseits dieser Sitzung erklären, aber ich nehme anhand Ihrer Reaktionen wahr, dass das als ein nicht nachvollziehbarer Vorgang aufgenommen wird. Ich habe mein Nein ausführlich begründet und erwartet, dass dieses akzeptiert wird. Dass mein abweichendes Stimmverhalten zu einem Eklat führen würde, habe ich in keiner Weise beabsichtigt und damit auch nicht gerechnet. Um einen Beitrag zur Deeskalation zu leisten, erkläre ich mich bereit, mein Nein in eine Enthaltung umzuwandeln.«

Erleichterung machte sich breit. Einige klopften anerkennend auf den Tisch.

»Danke, Frau Rousseau, für Ihre Kompromissbereitschaft … Wir wissen Ihr Verhalten sehr zu schätzen …«

Im Nachgang erreichten mich von zwei Personen schriftliche Entschuldigungen, dafür, dass sie mich unbeabsichtigt verbal verletzt hätten, und für mein Vorgehen wurde mir mündlich Respekt entgegengebracht.

Rückblickend weiß ich, dass ich meine kritische Haltung deutlich früher hätte einbringen müssen, nicht erst in der Aufsichtsratssitzung. Für mich war dieser Vorfall zwar sehr schmerzhaft, aber auch sehr lehrreich: Ich habe gelernt, in Zukunft immer schon vorab ein abweichendes Votum mit den Arbeitnehmervertretern und dem Aufsichtsratsvorsitzenden zu kommunizieren. Zögern bis kurz vor der offiziellen Abstimmung bedeutet für alle Beteiligten Stress, eine rechtzeitige und offene Kommunikation hingegen hilft, unangenehme Überraschungen zu vermeiden. Und eine weitere positive Auswirkung hatte diese Sache: Seitdem ist es möglich, im Aufsichtsrat andere Standpunkte zu vertreten und dementsprechend dann auch abzustimmen.

Wer sich aufs Spielfeld begibt, muss mit Gegenwind rechnen. Wo Bewegung ist, wird Reibung erzeugt. Und wo Reibung ist, kommt es zu Widerstand. Man muss sich darauf einstellen, dass auch Player mit von der Partie sind, die ganz unterschiedliche Interessen verfolgen und sich nicht scheuen, harte Bandagen aufzufahren. Entscheidend ist, konsequent, zugleich aber auch integrativ und mit fairen Mitteln zu kämpfen. Jeder darf Nein sagen. Das erfordert Mut: Man muss das Wagnis eingehen, die eigene Komfortzone zu verlassen, man muss in Kauf nehmen, es nicht allen recht machen zu können. Doch es lohnt sich, das zu trainieren, denn sonst bestimmen andere über einen. Herausforderungen hören nie auf, und das erste Nein ist sicher das schwerste. Mit ein bisschen Übung wird es zunehmend leichter. Wer aber aus Angst einmal wider Willen Ja gesagt hat, wird spüren, dass die Angst beim nächsten Mal nicht kleiner wird, sondern noch größer.

Ein Coming-out wagen

»Was haben Sie denn studiert?«, wurde ich immer wieder gefragt, seit ich im Dezember 2000 einen festen Lehrauftrag erhalten und den Professorentitel verliehen bekommen hatte.

Die ehrliche Antwort – »Ich habe gar kein Studium« – erzeugte bei mir die Angst, in der Vorurteilsschublade »keine richtige Professorin« zu landen. Daher spielte ich die Karte »Professorin« sehr zurückhaltend. Bei Beiersdorf gab es neben mir nur noch einen Kollegen, den Leiter der Abteilung Forschung und Entwicklung, der eine Professur ausübte. Ich hatte vielfach das Empfinden, mich erklären zu müssen, weshalb ich eine Professur ohne die (scheinbar) formalen Voraussetzungen erfüllte. Statt mich zu freuen und mit Stolz auf das zu schauen, was ich bisher bewirkt hatte, plagten mich abermals die altbekannten Selbstzweifel. An manchen Tagen war wieder dieses Gefühl da, nicht gut genug und eine »Mogelpackung« zu sein, und ich fand keinen Ansatz, dies zu ändern. Bis zu dem Moment, als ich eine Einladung zur Frankfurter Buchmesse erhielt.

Die Bertelsmann Stiftung plante eine Diskussionsrunde mit Frauen, die im Rahmen einer Podiumsdiskussion über ihre persönlichen Erfolgsfaktoren berichten sollten. Vor der öffentlichen Veranstaltung kontaktierte mich die Moderatorin zur genaueren

Absprache. Nachdem ich ihr von meiner Karriere und meiner derzeitigen Position als Aufsichtsrätin und Professorin an der Hamburger Hochschule für Musik und Theater berichtet hatte, kam die Frage, vor der ich mich so fürchtete: »Was haben Sie denn studiert?«

Mir wurde heiß und mein Mund fühlte sich schlagartig trocken an. Ich atmete durch und antworte zögerlich: »Ich würde Sie bitten, mir diese Frage nicht auf dem Podium zu stellen.«

Schweigen. Dann sagte die Moderatorin am anderen Ende der Leitung: »Das verstehe ich nicht.«

Wie sollte sie auch? Am liebsten hätte ich das Gespräch beendet. Ich wurde zunehmend unsicherer und ärgerlich auf mich, fühlte mich in die Enge getrieben. Was tun?

»Mögen Sie es mir erklären, damit ich es verstehe?«

Ich wich der Frage erneut aus und beendete das Gespräch mit den Worten: »Lassen Sie mir bitte Zeit, damit ich mir noch einmal in Ruhe überlege, ob ich an der Diskussion teilnehme. Ich verspreche Ihnen, Sie morgen anzurufen.«

Am nächsten Nachmittag trat ich die Flucht nach vorn an und versuchte mich aus der Veranstaltung herauszureden. Mein Gegenüber knüpfte erneut an die unbeantwortete Frage vom Vortag an.

»Wir haben unser Gespräch gestern beendet, als ich Ihnen die Frage nach Ihrem Studium stellte. Darf ich die Frage noch einmal aufgreifen?«

Ich hielt einen Moment inne, dann gestand ich ihr, dass ich gar nicht studiert hatte. Vermutlich würde sie nun die Einladung sowieso zurückziehen.

»Aber das müssen Sie erzählen«, sagte die Dame begeistert. »Was Sie in Ihrem Leben geschafft haben, ist großartig. Sie haben eine Musterkarriere hingelegt, und jeder denkt, dass Sie formal optimal darauf vorbereitet waren. Ihre wahre Geschichte wird vielen Frauen Mut machen.«

Sie versuchte mich zu überzeugen, dass ein öffentliches Bekenntnis für mich ein Schritt nach vorne sein könnte, dass es mir viel besser gehen würde, wenn ich aufhören könnte, mich für dieses scheinbare Defizit zu schämen oder es weiter zu verbergen. Ich spürte, wie meine mühsam aufrechterhaltene Fassung zusammenbrach, wie meine Stimme versagte. Ich wollte nur noch, dass dieses Telefonat aufhörte, war kurz davor, meine Teilnahme endgültig abzusagen. Stockend bat ich darum, unser Gespräch noch einmal zu vertagen.

Am Abend erzählte ich meinem Mann von meiner Reaktion, und wir überlegten gemeinsam, wie ich mit der Situation weiter umgehen sollte. Meine Angst, mich öffentlich zu blamieren, war so groß, dass ich mich entschloss, der Einladung nicht Folge zu leisten.

Im dritten Telefonat mit der Moderatorin entschuldigte ich mich für mein Zögern und legte ihr noch einmal meine Gründe dar.

»Wenn öffentlich bekannt wird, dass ich nicht studiert, sondern nur eine einfache Ausbildung habe, werde ich nicht mehr ernst genommen.«

Die Moderatorin hörte ruhig zu. »Ach, könnte ich Sie doch nur davon überzeugen«, warf sie schließlich mitfühlend ein, »dass Ihnen eine große Last von den Schultern genommen wird, wenn Sie sich zu Ihrem Werdegang bekennen. Sie selbst haben doch diese Ausgangssituation nicht zu verantworten. Im Gegenteil, Sie haben sich mit unglaublicher Kraft und viel Mut und trotz vieler Rückschläge Ihre heutige Position erarbeitet. Sie dürfen stolz darauf sein.«

Sie bearbeitete mich weiter, bis ich schließlich sagte: »Gut, ich nehme Ihre Einladung an, aber nur unter der Bedingung, dass Sie die Frage nach dem Studium nicht stellen.«

»Schade. Aber ich verspreche Ihnen, ich werde Ihre Ausbildung in der Podiumsdiskussion nicht ansprechen, es sei denn, Sie überlegen es sich noch einmal.«

Ein paar Wochen später saß ich im Flieger nach Frankfurt. Unruhig, angespannt und aufgeregt, dass es vielleicht doch zu einer peinlichen Aufdeckung meiner Professur kommen könnte. Unsicher, ob die Moderatorin ihr Wort halten würde. Mein Kopf fühlte sich hohl an, die Gedanken drehten sich im Kreis.

Die Podiumsteilnehmerinnen und die Moderatorin trafen sich eine Stunde vor Veranstaltungsbeginn.

»Haben Sie es sich überlegt?«, wandte sich die Moderatorin als Erstes an mich. »Darf ich Sie auf das besagte Thema ansprechen?«

Und gleich darauf hörte ich, wie ich »Ja« sagte.

War ich wahnsinnig geworden? Nein. Es fühlte sich an, als ob der jahrelange Druck sich ein Ventil suchte. Ich war bereit, mich meiner Kluft zwischen Selbstzweifeln und »Todesmut« zu stellen. Und würde mich heute auf das Abenteuer Coming-out einlassen.

Während wir vier Teilnehmerinnen gemeinsam mit der Moderatorin die Bühne in der riesigen Halle betraten und unsere Plätze einnahmen, überkamen mich Fluchtgedanken. Warum hatte ich eben mein Einverständnis gegeben? Es fühlte sich furchtbar an. Mein Mund wurde trocken, mir selbst schlecht. Die Menschen auf ihren Stühlen vor dem Podium verschwammen vor meinen Augen. Angespannt saß ich da. Die Eröffnungsfrage ging an eine Unternehmerin, ich hörte kaum, was sie antwortete, ich erwartete jede Minute diese unsägliche Frage. Dann hörte ich: »Frau Rousseau, Sie sind Aufsichtsrätin in einem DAX-Konzern, Sie sind Professorin an der Hamburger Hochschule für Musik und Theater, Sie sind Mentorin und für viele Frauen ein Vorbild. Sie haben Ihren Weg geschafft ohne Abitur, ohne Studium. Wie ging das? Hatten Sie es schwerer als andere Frauen?«

Nervös drehte ich das Mikrofon in meiner Hand, angstvoll schaute ich in Richtung des Publikums. Ich dachte: Die ganze Welt schaut zu, wie ich mich blamiere, meine Karriere sabotiere. Schließlich atmete ich tief durch und versuchte mit fester Stimme zu sprechen: »Es ist das erste Mal, dass ich meine Geschichte in der Öffentlichkeit erzähle.« Die Aufmerksamkeit im Raum stieg. »Ich komme aus sehr einfachen Verhältnissen. Es war ganz sicher nicht zu erwarten, dass ich einmal diesen erfolgreichen Weg gehen würde.« Ich spürte die Blicke der Zuschauer, versuchte, ihre Mienen zu erkennen, zu lesen, was sie wohl dachten.

Nachdem meine letzten Worte verklungen waren, passierte sekundenlang nichts. Dann begannen die anderen Podiumsteilnehmerinnen zu applaudieren, und auch das Publikum schenkte mir einen langen Applaus. Die anerkennende Reaktion der Zuschauer berührte mich zutiefst. Erleichterung machte sich in mir breit. Fragen wurde mir gestellt, man dankte mir für meinen Mut und für meine Offenheit, einige Frauen skizzierten ähnliche Erfahrungen. An diesem Tag verstand ich: Machen ist wie Wollen, nur mutiger.

Die Erfahrung auf dem Podium entpuppte sich als großer Befreiungsschlag. In den nächsten Wochen und Monaten testete ich in kleinen Gesprächsrunden immer wieder aus, wie das Umfeld auf mein Coming-out reagierte: durchweg erstaunt und ausnahmslos positiv. Heute kann ich ohne Angst und Scham über meinen ungewöhnlichen Werdegang sprechen oder darüber schreiben.

Und das Beste: Ich hatte mit dem ehrlichen und souveränen Umgang mit meinen Selbstzweifeln einen Hebel gefunden, mein Leben selbstbestimmter zu gestalten. Angst wurde weniger bedrohlich, damit steuerbar und zu einem vorübergehenden Zustand, der wie eine Erkältung wieder vergeht. Von diesem Moment an schaute ich genauer hin, ob es noch weitere Selbstzweifel gab, die mich daran hinderten, unabhängig zu handeln und mich in meinen Entscheidungen frei zu fühlen. Ich begriff, dass ich selbst die Lösung zu einem selbstbestimmten Leben bin. Es liegt in meiner Macht, wie viel Beachtung ich meinen eigenen angelernten Erwartungen oder denen anderer Menschen schenke.

Den emotionalen Rucksack auspacken

Ein paar Tage nach diesem Erlebnis hatte ich mich mit drei Freundinnen verabredet, die vor zweiundzwanzig Jahren »meine« Studentinnen im Studiengang Kulturmanagement waren. Wir blieben über all die Jahre in Kontakt. Anfangs war ich ihre Mentorin, daraus entwickelte sich im Lauf der Zeit Freundschaft und ein kleines, sehr effektives Netzwerk – unser Mädelsstammtisch. Bei unseren Treffen berichtet jede von uns über ihren aktuellen beruflichen Status quo, wir sprechen über berufliche Veränderungswünsche, beraten uns gegenseitig, und auch das private Umfeld gehört zu unseren Themen. An diesem Abend in einem griechischen Restaurant erzählte ich über mein Coming-out auf der Frankfurter Buchmesse. Es war das erste Mal, dass ich als ihre ehemalige Professorin so offen über meine Ängste sprach.

»Wisst ihr, in diesem Augenblick fiel eine große Angst von mir ab. Wie ist das eigentlich bei euch mit den Selbstzweifeln? Habt ihr in euren Jobs Angst oder empfindet ihr euch als mutig? Kennt ihr das Gefühl mangelnder Souveränität? Seid ihr offensiv? Traut ihr euch, große Aufgaben zu übernehmen?«

Eine Weile sagt niemand etwas, alle schienen zu überlegen. Dann begann die Erste zu erzählen, wie sie sich mit all diesen Fragen auseinandergesetzt hatte: »Tragen wir nicht alle Lasten auf unseren Schultern, die wir aus den Erfahrungen des Lebens und aus unserer Erziehung mitbringen? Ich habe viel darüber gelesen, mir gefiel das Bild eines schweren Rucksacks, den ich Tag für Tag auf meinen Schultern herumschleppe. Darin befinden sich alle meine Geschichten, die mich daran hindern, mit Leichtigkeit und Fröhlichkeit durchs Leben zu gehen. Das Gewicht an negativen Erfahrungen in meinem Leben hat dort einen unverrückbaren Platz. Irgendwann kam mir die Idee, diesen fiktiven Rucksack von den Schultern zu nehmen. Dann stand er vor meinem geistigen Auge direkt vor mir. Es hat mir Angst gemacht reinzuschauen, am liebsten hätte ich ihn ungeöffnet weggeworfen. Mir war allerdings auch klar, dass das, was ich mit mir rumschleppte, so eng mit mir verbunden war, dass es mich immer wieder eingeholt hätte.«

»Ich finde das mutig«, erklärte ich. »Hast du dich dann deinen Ängsten und seelischen Verletzungen gestellt? Und wie war das, was hat es dir gebracht?«

»Ja, ich habe mich meinen Ängsten gestellt. Es hat mir sehr geholfen, mich und mein Verhalten in bestimmten Situationen besser zu verstehen.«

»Das ist interessant. Erzähl weiter«, ermutigte ich daraufhin meine Freundin.

»Na ja, irgendwann wollte ich wirklich wissen, was sich in meinem Rucksack verbirgt. Also habe ich eines Tages langsam den Reißverschluss aufgezogen, hineingeschaut und alles, was sich dort befand, sehr behutsam herausgenommen: kleine, große, mittlere Päckchen, die ich vor mir auf dem Boden ausbreitete. Die Anzahl der Päckchen hat mich erst mal erschreckt. So viele unterschiedliche Dinge machten mir das Leben schwer? Was hatte sich da bloß alles angesammelt?«

»Was hast du denn nun für dich entdeckt?«, fragte eine aus unserem Kreis.

»Jedes Päckchen war mit einem Etikett versehen: ›Du bist nicht klug genug.‹ – ›Du bist zu ungeduldig.‹ – ›Bleib bloß auf dem Teppich.‹ Und ganz unten am Boden lag noch ein sehr großes Paket: ›Du bist nicht liebenswert.‹«

Während wir ihr zuhörten, dachte ich, das eine oder andere Päckchen könnte auch meins sein.

»Ich glaube«, ergriff ich das Wort, »dass ich in Frankfurt offenbar ein großes belastendes Päckchen mit dem Etikett ›Ich habe kein Studium‹ aus meinem Rucksack entfernt habe. Dieses Päckchen landete danach, ohne zu zögern, für alle Zeiten auf dem Müll.«

Wir diskutierten bis spät nach Mitternacht und kamen bei unseren nächsten Treffen immer mal wieder auf die Inhalte der verschiedenen Rucksäcke zurück. Es ist übrigens ganz wunderbar und hilfreich, so offen mit Freundinnen zu sprechen. Mich führte es zu der Erkenntnis: Wenn man sich selbst öffnet, fällt es auch dem Gegenüber leichter, sich verletzlich oder unperfekt zu zeigen.

Diese für mich neue Möglichkeit, mit unreflektierten Ängsten und Selbstzweifeln aktiv umzugehen, erzählte ich auch anderen. Vor allem mit meinen Mentees gestalteten sich von da ab die Gespräche noch intensiver und ehrlicher. Fremde Frauen öffneten mir ihr Herz und fühlten sich stets viel leichter, sobald sie das Übergepäck in ihrem Rucksack im wahrsten Sinne des Wortes »entsorgt« hatten. »Übt euch darin, die Päckchen auszupacken, testet euch aus, sprecht darüber mit anderen«, sage ich meinen Mentees seither. »Nicht jede kann die große Runde nutzen, aber in deiner Nähe sind immer Menschen, die dich lieben, dir ihr Ohr schenken. Und vergesst nie: Man muss nicht alle Päckchen auf einmal auspacken. Die Zeit muss reif dafür sein. Manche packt man vielleicht nie aus. Das ist allein eure Entscheidung.«

Je öfter ich Menschen meine Geschichte offen und vertrauensvoll erzählte, desto häufiger machte ich die Erfahrung, dass ich sie dadurch ermutigte, ihre Unsicherheiten mit mir zu teilen oder einfach nur über ihre eigenen Ängste oder Blockaden nachzudenken. Ich suchte die Nähe von Menschen, die Spaß daran hatten, sich selbst auf die Spur zu kommen, sich ernst zu nehmen. Diese Menschen, bei denen ich mich nicht verstellen muss, denen gegenüber ich meine eigenen Selbstzweifel äußern kann, ohne verurteilt zu werden, sind zu wichtigen Säulen in meinem Leben geworden. Menschen, die zuhören können, die andere gelten lassen, die Unterschiede akzeptieren und Fähigkeiten anerkennen, die Mitmenschen aktiv unterstützen und ein ehrliches Feedback geben, sind Eckpfeiler der Zukunft im Zeitalter der Digitalisierung. Untersuchungen zeigen, das eine sinnstiftende Kommunikation beim Gegenüber weniger starke Widerstände auslöst als eine argumentative. Wer sich einer rein auf Argumentation basierenden Kommunikation ausgesetzt sieht, ist eher auf der Hut, um nicht manipuliert zu werden, so Olaf Kramer, Professor für Rhetorik und Wissenskommunikation an der Universität Tübingen.

Genauso hilfreich ist es, sich selbst zuzuhören. Welche Gedanken prägen mich jeden Tag, was verrät mein innerer Dialog darüber, was ich über mich denke? Verfolgt einmal, wie ihr über euch selbst denkt. Was denkt ihr in jeder Minute, jeder Stunde, jeden Tag über euch? Sind es tendenziell kritische oder negative, positive oder freundliche, schwermütige oder fröhliche Gedanken?

Ich wollte herausfinden, warum ich oft kritisch und hart mit mir umging. Warum schaute ich stets länger und intensiver auf die Dinge, die mir nicht so klasse gelangen, anstatt den Blick auf die vielen Dinge zu richten, die ich sehr gut machte? Warum behandelte ich mich wie einen Gegner und nicht wie eine gute Freundin? Ob ich in meinem Rucksack eine Antwort finden würde? Ich suchte und fand ein Päckchen, das auf dem Etikett die Aufschrift trug, die schon bei meiner Freundin vorgekommen war: »Du bist nicht liebenswert.« Ich nahm dieses Päckchen mit ins Wochenende, mein Mann und ich wollten es auf Sylt verbringen.

Am nächsten Morgen brach auf der Insel ein herrlicher Tag an, ein Hauch von Sommer lag in der Luft. Um Viertel nach fünf wachte ich neben meinem Mann auf. Er schlief noch tief. Leise schlüpfte ich aus meinem Schlafanzug und in eine Jeans, zog ein T-Shirt, meine Windjacke und die alten Turnschuhe an. Ich schnappte mir mein Päckchen, verließ das Apartment, schlenderte zum Strand. Die Frühlingssonne durchbrach endgültig die Wolkendecke, der lange weiße Sandstrand war um diese Zeit nahezu menschenleer. Die einzigen Geräusche waren das Rauschen des Meers und das Kreischen der Möwen. Der Wind streichelte mein Gesicht. Ohne festes Ziel schlenderte ich von Westerland aus Richtung Hörnum. Ich breitete meine Arme aus und drehte mich im Kreis. Ich fühlte mich frei, entspannt, bereit, die ganze Welt zu umarmen.

Diese wunderbaren Gefühle von Freude, Glück und Leichtigkeit, die ich an diesem Morgen spürte, hätte ich festhalten und mit nach Hause in meinen Alltag nehmen mögen. Die Leichtigkeit bildete einen so großen Kontrast zu meiner zweiflerischen Grundstimmung, die ich meist hinter meiner Rolle als starke Führungskraft verbarg.

Ich setzte mich hin, zog meine Schuhe aus und spielte mit dem Sand unter meinen Füßen. Wenn ich meine eigene Mutter wäre, schoss es mir auf einmal durch den Kopf, wie hätte ich mich als Kind behandelt? Was hätte ich als Mutter der kleinen Manuela mitgegeben, um sie zu einer fröhlichen Frau, einer selbstbewussten Persönlichkeit zu erziehen, statt Schwächen und Selbstzweifel weiterzugeben?

Mein Blick schweifte in die Ferne, folgte dem Spiel der Wellen. Ich zog das Päckchen aus meiner Tasche. »Du bist nicht liebenswert«, las ich. »Das kann nicht stimmen«, sagte ich. »Ich liebe meinen Mann, er liebt mich.« Es war keine Frage, ich wurde geliebt. Wieso dachte ich trotzdem, dass ich nicht liebenswert sei, dass Liebe etwas sei, was ich mir verdienen musste? Dass ich um Anerkennung kämpfen musste? Vielleicht lag die Antwort in dieser Schachtel? Meine Gedanken wanderten in die Vergangenheit, zurück zu dem kleinen Mädchen, das hinter dem großen Sessel mit ihren Puppen spielte.

Leise flüsterte ich ein paar Worte in den Wind, die ich als Kind gerne gehört hätte.

»Du bist ein wunderbares, ein sensibles Mädchen. Du darfst aufhören zu kämpfen. Du bist einzigartig und darfst so sein, wie du bist. Ich werde ab heute deine Freundin sein und dir alle Liebe schenken, nach der du dich immer so gesehnt hast. Ich wünsche dir, dass du alles findest, was du brauchst, um glücklich zu leben und um dieses wunderbare Gefühl von heute Morgen jeden Tag zu spüren. Ich liebe dich von ganzem Herzen und bin für dich da. Dein Leben lang.«

Mein Selbstgespräch verwirrte mich. Hatte ich in diesem Augenblick gerade die Entscheidung getroffen, die Verantwortung für alles, was ich fühlte, nicht länger auf meine Mutter zu übertragen, sondern ihr diesen negativen Einfluss für immer zu entziehen? Ging es so einfach, die Weichen neu zu stellen? Ich ließ mich erschöpft und aufgewühlt in den noch etwas kühlen Sand fallen und weinte vor Glück.

Ja zu mir. Ja zu meinen Fehlern. Ja zum Leben. Das fühlte sich befreiend an. Ja, ich wollte nicht länger fremdgesteuert durch mein Leben gehen. Ab sofort würde ich aufhören, gegen mich zu arbeiten. Ich rappelte mich hoch, klopfte den Sand von den Jeans, zog die Turnschuhe wieder an und ging langsam zurück nach Westerland, erfüllt und noch immer staunend über dieses Erlebnis. Vor einem Papierkorb blieb ich stehen und warf das Päckchen in den Müll.

Mir war bewusst, dass damit ein langer Prozess begann. Von diesem Moment an habe ich es nicht mehr zugelassen, mich hilflos zu fühlen. Das hört sich einfach an, ist es aber nicht. Ich nahm mir ganz fest vor, mir immer wieder vor Augen zu führen, was ich als Kind vermisst hatte. Hin und wieder wollte ich mit der Kleinen sprechen, ihr Mut machen, sie unterstützen, mit ihr zärtlich und liebevoll umgehen.

Gerate ich auf diesem Weg ins Stocken, bitte ich meinen Mann, Freunde oder einen meiner Brüder um Hilfe. Verlaufe ich mich in dem Labyrinth aus alten Mustern, nutze ich die Kompetenz von Profis, die sich darauf spezialisiert haben, Menschen aus gedanklichen Sackgassen zu helfen.

Jede Frau kann sich ihre biografischen Prägungen und damit verbundene Hindernisse anschauen, kann den Weg zurück aus einer Sackgasse gehen, kann die persönlichen Weichen neu stellen. Der Weg mag manchmal schmerzhaft und lang erscheinen. Aber das Ergebnis ist ein großer Schritt zu Unabhängigkeit und Souveränität.

6
MUT,
VERANTWORTLICH ZU SEIN

Schluss mit tradierten Stereotypen

Jedes Jahr reisen die Aktionäre der Beiersdorf AG ins zentral gelegene CCH, ins Congress Center Hamburg, zu ihrer Hauptversammlung an. Während hinter den Kulissen die letzten Vorbereitungen auf Hochtouren laufen, nimmt die Security ihre Positionen auf den Parkplätzen ein, bezieht Stellung an den Türen und hinter der Bühne. Mitarbeiterinnen und Mitarbeiter an den Eingangscountern stehen bereit, die Aktionäre zu begrüßen. Sie erfassen, wie viele Aktien der jeweilige Besucher vertritt oder direkt selbst an dem Unternehmen hält. Gäste ohne Aktienbesitz und Journalisten werden an separaten Schaltern empfangen. Junge Frauen und Männer in dunkelblauen Kostümen und Anzügen erhalten hinter den Kulissen letzte Anweisungen, wie die elektronischen Geräte funktionieren, die später während der Abstimmungen im Hauptsaal die Stimmen erfassen und die Daten dann an den Server übermitteln. Das Personal wird auch informiert, von welcher Eingangstür es den Saal betreten und für welchen Bereich es die Stimmen der Aktionäre erfassen soll.

Hinter der Bühne treffen dann jedes Jahr nach und nach speziell ausgesuchte Beiersdorf-Mitarbeiter ein. Sie sitzen vor Laptops und Bildschirmen, bereit, auf Fragen aus dem Publikum möglichst schnell die notwendigen Informationen zu recherchieren. Diese stellen sie nur wenige Minuten nach der jeweiligen Frage dem Aufsichtsratsvorsitzenden oder den Vorständen zur Verfügung, damit diese umfassend Auskunft geben können.

Der Einladung zur Hauptversammlung folgen jedes Jahr im Durchschnitt 1200 Aktionäre, Vertreter der Kleinaktionäre und Banken sowie Wirtschaftsjournalisten. Die Stimmung ist in der Regel entspannt, viele ehemalige Kollegen besitzen selbst Aktien und freuen sich, vertraute Wegbegleiter wiederzusehen.

Der riesige Saal füllt sich jedes Mal nach und nach. Der Aufsichtsrat und die Vorstände treffen sich üblicherweise zwei Stunden vorher zu einer Aufsichtsratssitzung, um letzte Vorbereitungen für die Hauptversammlung zu treffen.

Alte Rollenmodelle blockieren den Fortschritt

Aktionärsversammlung 2015: Einige Minuten vor der Eröffnung betraten die Akteure, darunter drei Aufsichtsrätinnen, neun Aufsichtsräte, sechs Vorstände und der Notar, die große Bühne. Die nächsten vier Stunden verliefen nach der vorab verschickten Tagesordnung. Zunächst eröffnete der Aufsichtsratsvorsitzende die Versammlung. Nach dem formalen Abarbeiten der Tagesordnung und dem Bericht des Vorstands folgte schließlich der Punkt »Aussprache«. Die Aktionäre erhielten ihr Rederecht. Jeder Redner musste sich dafür zuvor an einem speziellen Schalter namentlich angemeldet haben.

Die meisten Wortmeldungen kamen wie immer von Vertretern der Kleinaktionäre, von einzelnen Aktionären oder vom Deutschen Juristinnenbund. Wie üblich sprachen überwiegend männliche Aktionäre, Frauen meldeten sich deutlich seltener zu Wort. Warum investieren eigentlich so wenige Frauen ihr Geld in Aktien und nehmen sich damit die Möglichkeit, auf Hauptversammlungen zu sprechen? Nach einigen sachlichen Rückfragen von Vertretern der Kleinaktionäre ging ein Mann im Alter von etwa fünfundsechzig Jahren zum Rednerpult. Er schaute in die Runde und begann schließlich sinngemäß: »Frauen haben keine Veranlagung zur Führungskraft, abgesehen von ein paar Ausnahmen wie die Bundeskanzlerin oder einige wenige Politikerinnen. Allgemein sind Frauen grundsätzlich zu emotional und damit ungeeignet, um Führungspositionen und große Verantwortung übernehmen zu können.«

Während ich noch Ausschau hielt, ob es sich hier vielleicht um die *Versteckte Kamera* handeln könnte, brauste im Saal Applaus auf. Gefühlt richteten sich in diesem Moment 1200 Augenpaare auf die Bühne – auf uns drei Aufsichtsrätinnen. Mein Entsetzen und meine Ungläubigkeit standen mir vermutlich ins Gesicht geschrieben, ich konnte kaum glauben, was hier passierte. Der Redner monologisierte weiter und verließ unter dem Applaus anderer Aktionäre das Rednerpult. Ich fühlte mich öffentlich und völlig ungerechtfertigt an den Pranger gestellt. Ich wünschte mir, es wären mindestens sechshundert Frauen im Saal, die solidarisch reagieren würden. Doch anscheinend interessierte es niemanden, dass die im Grundgesetz verankerte Würde des Menschen gerade mit Füßen getreten worden war.

Meine beiden Kolleginnen saßen zu weit von mir entfernt, als dass ich hätte erkennen können, wie sie die Situation erlebten. Der Kollege neben mir schüttelte fast unmerklich den Kopf, mein Eindruck war, dass er diese Meinung nicht teilte. Ich hoffte, dass der Aufsichtsratsvorsitzende oder einer der Vorstände in irgendeiner Weise auf diese ungeheuerliche Äußerung reagieren würde. Nichts geschah. Gleichberechtigung? Solidarität? Nichts. Hauptversammlung eines DAX-Konzerns. 2015 in Deutschland.

Kurze Zeit später beantragte derselbe Redner erneut ein Rederecht. Er trat wieder ans Mikrofon und teilte den anderen Aktionären mit, dass er für seine Theorie gerade eben erneut einen Beweis erhalten habe, mit seiner Meinung völlig richtig zu liegen. Mittlerweile führten seine Ausführungen zu einem für mich gefühlt zustimmenden Gelächter im Publikum. Der Redner führte aus, dass ihn eben beim Verlassen des Pults eine Frau beschimpft habe, er sei ein Idiot. Dieses Verhalten beweise seine Theorie, Frauen seien zu emotional. Außerdem habe er sich bereits an die Polizei gewandt, um die Frau anzuzeigen und aus dem Saal entfernen zu lassen.

Warum um Himmels willen reagierte auf dem Podium niemand? Warum stellte sich unser Aufsichtsratsvorsitzender nicht vor uns Frauen? Denn ich wusste aus Erfahrung, dass er sich immer dafür einsetzte, die besten Kandidatinnen und Kandidaten für den Aufsichtsrat und den Vorstand zu suchen. Diversität spielte für ihn eine wesentliche Rolle. Diese umfasste für ihn nicht nur das Geschlecht, sondern auch den internationalen Background, Branchenerfahrungen und vielfältige Expertise aus möglichst unterschiedlichen Bereichen wie Marketing, Digitales oder Finanzen. Umso mehr irritierte mich sein Nicht-Verhalten auf dieser Hauptversammlung. Meine Hand rutschte zur Taste des Saalmikrofons, um das Wort zu ergreifen. Ich schwankte zwischen mehreren Optionen: Wollte ich eine klare Position abgeben? Oder vor allem recht haben? Uns Frauen verteidigen? Gleichzeitig kämpfte ich auch mit meinen verletzten Gefühlen. Formal hatte ich ein Rederecht, aber wäre das eine kluge Entscheidung? Ich zog meine Hand zurück und sagte nichts.

Am Ende der Hauptversammlung fragte ich meine Kolleginnen, wie sie diesen Auftritt erlebt hätten. Genauso wie ich hatten sie ein Statement des Aufsichtsratsvorsitzenden erwartet. Gemeinsam überlegten wir, warum er sich nicht vor uns Frauen gestellt hatte, und sprachen ihn hinter der Bühne darauf an: »Warum haben Sie auf diese frauenfeindliche Äußerung nicht reagiert?«

»Der Redner hat ja keine Frage gestellt«, antwortete er. Sprachlosigkeit bei uns Frauen, totale Fassungslosigkeit.

Nach einer kurzen Atempause hakte eine Aufsichtsrätin nach: »Wenn der Aktionär die Behauptung aufgestellt hätte, Ausländer hätten keine Fähigkeiten, Führung zu übernehmen – hätten Sie dann ebenfalls nicht reagiert?«

Dieser Vergleich zeigte überdeutlich auf, wie ungerechtfertigt das Schweigen des Aufsichtsratsvorsitzenden gewesen war. Frauen landen fast immer in der emotionalen Schublade, obwohl sie nachweislich herausragende Leistungen in Wirtschaft, Wissenschaft, Gesellschaft und Politik leisten. Gemischte Teams erbringen nachweislich eine höhere Leistung, sind effizienter, funktionieren besser. Warum also an alten Mustern festhalten?

Der Aufsichtsratsvorsitzende entschuldigte sich bei uns: »Eine kurze Stellungnahme von mir, dass der Konzern zahlreiche Frauen in Führungspositionen beschäftigt, damit sehr gute Erfahrungen macht und dass die eigenen Produkte zum Großteil von Frauen gekauft werden und die geäußerte Meinung von Vorstand und Aufsichtsrat nicht geteilt wird, das wäre in der Tat eine angemessene Reaktion von mir gewesen.«

Mit etwas Abstand fragte ich mich später, ob der Aufsichtsratsvorsitzende als Einziger die Situation neutral eingeschätzt hatte: Dass nämlich der Redner ein Einzelfall gewesen war und keine Beachtung verdient hatte? Der Aufsichtsratsvorsitzende hatte dem unsinnigen Redebeitrag (»Frauen gehören nicht in die Chefetage, Frauen sind zu emotional«) keinen Raum für eine Diskussion gegeben und seine Äußerungen nicht geteilt. Aber genau das hätten wir Frauen auf der Bühne und auch die wenigen Frauen im Saal sehr gern von ihm öffentlich gehört. Zumal der Applaus anderer Anwesender ja genau gezeigt hatte: Es handelte sich offensichtlich nicht um eine Einzelmeinung. Oder hatten wir nur wieder stereotyp erwartet, dass der Aufsichtsratsvorsitzende – ein Mann! – uns hätte verteidigen müssen?

Ein Jahr später thematisierte ein männlicher Aktionär erneut die Frauenquote auf der Hauptversammlung. Seine Kritik richtete er an den Deutschen Juristinnenbund, dessen Akteurinnen seit 2009 regelmäßig die Hauptversammlungen aller dreißig DAX-Unternehmen sowie vieler weiterer börsennotierter Unternehmen besuchen mit dem Ziel, Aufmerksamkeit für das Thema »Mehr Frauen in Führungspositionen« zu generieren. Betritt eine der Frauen das Rednerpult, geht planmäßig ein leises Stöhnen durch den Saal, nach dem Motto: »Die schon wieder mit ihren Frauenthemen.« Häufig verlassen dann einige Herren demonstrativ den Saal oder es kommen Zwischenrufe wie: »Aufhören!«

2016 führte besagter Redner aus, dass der Deutsche Juristinnenbund auch diese Hauptversammlung für seine Zwecke missbrauche. Das Einfordern einer Quote für Frauen in Führungspositionen sei Unsinn. Dann könne man ja auch Quoten für Linkshänder oder für Menschen mit kleinen Ohrläppchen fordern. Einige Aktionäre applaudierten. Immerhin wies der Aufsichtsratsvorsitzende dieses Mal darauf hin, dass diese Meinung nicht geteilt werde. Immerhin!

Sich nicht mit Vorurteilen aufhalten

Wie sehr stereotypes Denken Männer und Frauen bewusst und vor allem auch unbewusst beeinflusst, zeigt besonders das Beispiel der Hauptversammlung der Beiersdorf AG im Jahr 2015, und zwar auf mehreren Ebenen:

Der Redner hängt einem nicht mehr zeitgemäßen Rollenmodell an, ebenso die Anwesenden, die ihm mit Applaus beipflichten. Wer rückwärts gerichtete Äußerungen kundtut und damit tief sitzende, veraltete Vorurteile bedient, gehört nicht ans Rednerpult einer Hauptversammlung eines Unternehmens heutiger Zeit. Die männlichen, meist älteren Aktionäre, die mehr oder weniger deutlich fordern, Frauen gehörten an den Herd, da ihnen die Voraussetzungen für Führung und Verantwortung fehlen, ignorieren neue Realitäten.

Wann endlich erkennen auch konservative Männer, dass Frauen genauso klug, kompetent und gut ausgebildet sind wie ihre männlichen Kollegen? Wollen wir wirklich weiterhin – und sei es nur gedanklich – unterstellen, dass Frauen nicht ausreichend Qualifikationen und Fähigkeiten mitbringen, um hohe Führungspositionen zu übernehmen? Aus meiner Sicht kann sich die Wirtschaft diese Form der Diskussion nicht mehr leisten. Die Ergebnisse der McKinsey-Studie »Women Matter« wurden bereits zitiert (siehe Kapitel 3): Die Wirtschaft würde weltweit billionenfach wachsen, wenn Frauen am Arbeitsmarkt gleichberechtigt wären. Aus Beiersdorf-Erfahrung kann ich das nur bestätigten: Frauen sind maßgeblich an den Erfolgen beteiligt, die einen stabilen oder steigenden Aktienkurs zur Folge haben, von dem schlussendlich auch der Redner profitiert. Solche unsachgemäßen Äußerungen haben nichts mit positiver Unternehmensbegleitung zu tun. Will ein Konzern zukunftsfähig sein, ist eine neue innere Grundeinstellung in Bezug auf die Art und Weise, wie Frauen und Männer in Zukunft zusammenarbeiten, unverzichtbar. Deutlich mehr Reflexionsfähigkeit und Weitsicht für die unternehmerischen Gegebenheiten wäre auch bei den Aktionären wünschenswert und dringend notwendig, damit Frauen und Männer ihre Kräfte auf eine bestmögliche Leistung – und damit den optimalen Unternehmenserfolg – bündeln können.

Wie stand es mit den auf dem Podium sitzenden Frauen, mich inbegriffen? Wir suchten zunächst instinktiv nach einem Beschützer, der uns verteidigt. Alle unsere Augen ruhten auf dem Aufsichtsratsvorsitzenden. Natürlich hätte er ein Statement abgeben können, er räumte dieses Versäumnis später ja auch ein. Aber hätte ich das wirklich gewollt? Musste mich ein Mann in einer solchen Situation verteidigen? Wurde der unqualifizierte Beitrag vielleicht schneller im Keim erstickt, weil der Vorsitzende ihn nicht mit einer

Antwort aufwertete, sondern ihn stattdessen ignorierte und dem Redner damit die Luft nahm? Er war gar nicht auf den Gedanken gekommen, sich schützend vor die weiblichen Mitglieder des Aufsichtsrats stellen zu müssen. Das konnte man durchaus als gelebte Gleichberechtigung sehen. Und das tat ich dann auch, weil ich seine Einstellung und Haltung kannte und immer wieder erleben durfte.

Wir Frauen hätten durch unser Rederecht selbst reagieren können. Die Frage ist nur, ob das im Rahmen einer Hauptversammlung angebracht gewesen wäre. Meine Kolleginnen und ich hatten nach erster Wut, Empörung und Verunsicherung davon abgesehen und im Grunde genommen genauso entschieden wie der Vorsitzende. Wir alle wollten, das wurde uns letztlich erst später klar, den Redner daran hindern, weitere Äußerungen dieser Art von sich zu geben, hatten uns erhofft, Beipflichtungen aus dem Publikum vorzubeugen. Außerhalb von Hauptversammlungen habe ich es mir angewöhnt, ohne Umschweife zu widersprechen, wenn diskriminierende Äußerungen im Raum stehen, wenn sich tradierte Vorurteile in Diskussionen, Redebeiträgen oder in Einzelgesprächen einschleichen. Wenn nötig, suche ich mir Verbündete, die mich dabei unterstützen, diese alten, überholten Muster zu identifizieren und mit denen ich dann gemeinsam Gegenmaßnahmen entwickeln kann.

Und schließlich bleibt noch die Perspektive von euch, den Leserinnen und Lesern: Was wäre euch auf dem Podium oder im Publikum in diesem Moment durch den Kopf gegangen? Wie hättet ihr euch gefühlt? Wie reagiert und die Situation gelöst? Ich wünsche mir in solchen Momenten viel mehr Frauen im Publikum und bin sicher, dass allein ihre Anwesenheit zu einer anderen Reaktion geführt hätte. Stellt euch nur mal vor, die Hälfte der Aktionäre wäre weiblich gewesen. Dann wäre es vielleicht gar nicht zu dieser unsäglichen Äußerung gekommen. Mein expliziter Appell deshalb an dieser Stelle: Frauen, kauft Aktien von Unternehmen, damit ihr mitreden und mitgestalten könnt, insbesondere von jenen Konzernen, die das Thema Frauenquote stiefmütterlich behandeln. Macht euch sichtbar und besucht die Hauptversammlungen. Verantwortlich zu handeln heißt auch, sich mutig zu Wort zu melden und offensiv Fragen und Forderungen zu stellen.

Fazit: Wir alle, Frauen wie Männer, wurden und werden durch gesellschaftliche Erwartungen, durch Erziehung, durch fest verinnerlichte Klischees in unserem Handeln beeinflusst und behindern dadurch eine notwendige, diverse und damit leistungsfähige Weiterentwicklung der Arbeitswelt. Wir alle müssen uns sensibilisieren und unsere Wahrnehmung schärfen, dass Vorurteile existieren – ohne uns jedoch dadurch zu begrenzen.

Es wird Zeit, gelernte Prozesse zu verändern, alte Regeln und Denkmuster, die uns behindern, durch neue zu ersetzen. Wenn wir qualifizierte Frauen in Aufsichtsratsgremien und in Vorstands- und Führungspositionen in der Wirtschaft, an Hochschulen, in der Politik wirklich wollen, brauchen wir neue Rahmenbedingungen und Arbeitsmodelle, die es beiden Geschlechtern ermöglichen, zunehmend berufliche Verantwortung auch in Führungspositionen zu übernehmen. Das Bewusstsein für diesen Bedarf steigt kontinuierlich, und das stimmt mich optimistisch.

In der beruflichen Realität treffen Frauen auf die schon zitierte gläserne Decke, also die Denk- und Handlungsbarrieren, mit denen wir uns trotz hoher Qualifikation auf dem Weg ins obere Management, in die Entscheider-Etagen konfrontiert sehen, während männlichen Kollegen mit vergleichbarer Ausbildung und Kompetenz dieser Aufstieg in der Regel fließender »gelingt«.

Dieses An-die-gläserne-Decke-Stoßen findet jeden Tag statt. Junge Frauen erleben auch im 21. Jahrhundert im beruflichen Alltag noch ähnliche Situationen wie ihre Vorfahrinnen. In Vollzeit zu arbeiten oder berufliche Führungspositionen zu übernehmen, war für die meisten Frauen der vorigen Generationen nur selten ein Thema.

Heute gelten neben dem fehlenden Zugang zu informellen Netzwerken zuallererst die stereotypen Rollenvorstellungen als Hindernisse. Frauen werden leider immer noch in Schubladen gesteckt. Aufgrund von historisch entstandenen Geschlechterrollen haben sie es schwerer, in Führungspositionen akzeptiert zu werden. Erfahrene Frauen haben sich meist arrangiert oder durchgesetzt, kommen mit dieser Realität zurecht, bewegen sich hinsichtlich ihrer Kompetenz auf Augenhöhe mit den Männern. Frauen im mittleren Alter balancieren ihr Leben zwischen Beruf und Familie aus, nehmen Abstriche in Kauf und neigen zur Dankbarkeit, dass sie überhaupt einen vernünftigen Teilzeitjob haben. Berufsanfängerinnen denken manchmal mangels Erfahrung, es gäbe kein Genderproblem.

Das ist aber nicht der Fall. Bis heute sind diese tradierten Denkweisen in den Köpfen vieler männlicher Entscheider verankert. Dies ist durch die jahrtausendealten Manifestationen nachvollziehbar, aber keinesfalls zukunftsweisend oder tolerierbar. Vor allem, da viele Frauen heute anders leben wollen und müssen. Der Mann in der Funktion als Alleinverdiener ist vorbei. Ältere Männer halten häufig an diesem Modell fest. Kein Wunder, für sie war es möglich, Karriere zu machen, da ihre Ehefrauen oft nicht berufstätig waren und diese ihren Ehemännern den Rücken freihielten. Als Vorgesetzte sind es heute oft ältere Herren, die die notwendige Veränderung zu gleichberechtigten gemischten Teams verhindern. Es fällt ihnen schwer, die gut ausgebildeten Frauen im Beruf gleichwertig zu behandeln. Oder anders ausgedrückt: Sie zwingen den Frauen ihre männlichen Vorstellungen von Macht auf und verhindern damit, dass sie ihre wertvollen weiblichen Stärken in die Arbeit sinnhaft einbringen können. Ich finde es erstaunlich, dass Väter in die Ausbildung ihrer Töchter viel Geld investieren und als Chefs die Frauen im Beruf blockieren. Ist das Männerlogik?

Zu Beginn meines Arbeitslebens 1970 war es überhaupt noch nicht selbstverständlich, dass verheiratete Frauen die Entscheidung, ob sie berufstätig werden, allein treffen konnten. Ich selbst wurde 1975 bei einem Bewerbungsgespräch gefragt, ob mein Ehemann mit meiner Vollzeitbeschäftigung einverstanden sei. Schon damals empfand ich diese Frage als grotesk.

»Wieso fragen Sie mich das?«, wollte ich wissen.

»Die rechtliche Lage erlaubt es Frauen nur dann, einen Arbeitsvertrag zu unterschreiben, wenn auch der Ehemann zustimmt«, erklärte mein Gegenüber. »Wir haben immer wieder Situationen erlebt, wo Frauen nach kurzer Zeit kündigen, weil die Berufstätigkeit nicht mit dem Privatleben vereinbar ist.«

»Heißt das, mein Ehemann muss mir eine schriftliche Einwilligung geben, wenn ich bei Ihnen einen Arbeitsvertrag abschließe?«

»Nein, es reicht, wenn Sie mir sagen, dass er damit einverstanden ist.«

Kein Witz. Bis Juni 1977 enthielt Paragraf 1356 des Bürgerlichen Gesetzbuchs (BGB) die Regelung, dass eine Frau erwerbsfähig sein kann, soweit dies mit ihren Pflichten in Ehe und Familie vereinbar ist. Erst seit dem 1. Juli 1977 lautet die Regelung im BGB dahingehend, dass beide Ehegatten berechtigt sind, erwerbstätig zu sein. Das ist gerade mal zweiundvierzig Jahre her! Bis zum 1. Juli 1958 konnte ein Ehemann gemäß Paragraf 1358 des BGB sogar den Arbeitsplatz der Ehefrau nach eigenem Gutdünken kündigen. Als Begründung reichte: »Ich brauche meine Frau im Haushalt.«

Ich fühlte mich damals, als mir diese Frage gestellt wurde, um Jahrhunderte zurückkatapultiert. Irritiert erkundigte ich mich bei meiner Mutter, ob auch sie eine solche Situation in ihrem Berufsleben erlebt hätte. »Ja«, lautete ihre Antwort, »in Vorstellungsgesprächen wurde mir diese Frage häufiger gestellt.« Was auch damit zusammenhing: In den Fünfzigerjahren war es eher die Ausnahme, dass eine verheiratete Frau mit Kindern in Vollzeit berufstätig war.

Die Gesetzesmodernisierungen führten dazu, dass Frauen nach und nach eigenständig entscheiden durften, ob und in welchem Umfang sie einer Berufstätigkeit nachgehen wollten. Viele Frauen mit Kindern nahmen ihr Berufsleben vorerst in Teilzeit auf.

Die weiteren Veränderungen fanden dann sukzessive statt. Der Haushalt und die Erziehung der Kinder blieben meistens weiterhin vollständig in der Verantwortung der Frau – so wie es ja auch gegenwärtig noch oft der Fall ist. Und nach wie vor hört man Aussagen wie diese: »Meine Frau muss nicht arbeiten.« – »Die Kinder brauchen ihre Mutter zu Hause.« – »Ich kann meine Frau und meine Familie allein ernähren.« – »Mütter haben keine Führungskompetenz.«

Einer meiner Brüder ist glücklich verheiratet, er und seine Frau haben zwei Söhne. Seine Frau arbeitet halbtags. Die beiden mussten sich in der Vergangenheit oft gegenüber Dritten rechtfertigen, die unterstellten, dass meine Schwägerin durch ihre Berufstätigkeit zu wenig Zeit für die Familie habe. Das passiert heute kaum noch. Doch niemand kommt auf die Idee, zu sagen, dass mein Schwager mehr Zeit mit den Kindern verbringen müsste. Immerhin ist er doppelt so lange von zu Hause fort wie seine Frau. Diese Realität beschreiben mir auch viele meiner jungen Mentees, die ich im Berufsleben begleite.

Meine Schublade heißt: typische Karrierefrau. Ich bin kinderlos, durchgehend voll berufstätig und habe Karriere gemacht. »Du hast ja keine Kinder und einen Mann, der alles mitmacht. Kein Wunder, dass du es geschafft hast.« Das muss ich mir oft anhören. Auch hier gilt: Bei männlichen Führungskräften spielt die Frage, wie viele Kinder in der Familie leben, überhaupt keine Rolle.

Frauen, die sich für das klassische Familienmodell und – zunächst – keine Berufstätigkeit entschieden haben, landen gern mal in folgender Vorurteilsschublade: Die hat keine Lust zu arbeiten, die lebt vom Einkommen ihres Partners und macht sich ein schönes Leben. An gut gemeinten Ratschlägen fehlt es auch hier nicht: »Hoffentlich hast du einen guten Ehevertrag für den Fall, dass dein Mann dich verlässt. Ansonsten wirst du die Quittung bekommen, wenn du allein auf das Einkommen deines Partners setzt. Vielleicht sitzt du irgendwann ohne eigene Unterhaltsansprüche da und bist direkt auf dem Weg in die Altersarmut, denn in die Rentenversicherung hast du wahrscheinlich in all den Jahren als Hausfrau nichts eingezahlt.«

Alleinerziehende Mütter stehen vor einer komplexen Aufgabe: Die Erziehung der Kinder, die Berufstätigkeit sowie die alleinige Verantwortung für alles sind eine enorme Herausforderung – für jede Mutter und oft auch für die Kinder, physisch und psychisch. Statt aktive Unterstützung zu erhalten oder Anerkennung für diese Herkulesaufgabe zu erfahren, wird Kritik geübt. Oder es werden scheinheilige Fragen gestellt: »Wie schaffst du das eigentlich alles allein?« Was hinter der Frage steckt, bleibt spekulativ, aber immer wieder höre ich verletzende Statements wie: »Na ja, die hätten sich ja nicht scheiden lassen müssen.« Als ob sich Alleinerziehende dies freiwillig ausgesucht hätten. Die Scheidung beziehungsweise Trennung eines Paars ist eine massive Veränderung im Leben, eine ungünstige noch dazu. Darüber hinaus stellen schwere Schicksalsschläge gerade Alleinerziehende oft vor zusätzliche enorme Belastungen, denn sie sind für alles allein verantwortlich, und das Leben muss oft komplett neu ausgerichtet werden. Im Arbeitsleben wird darauf meist keine Rücksicht genommen. Hier sind Kolleginnen und Kollegen, der Arbeitgeber, das private Umfeld und die Gesellschaft gefordert, aktiv unterstützend zu wirken. Statt pauschaler Kritik und gut gemeinter Ratschläge wären Verständnis und tatkräftige Hilfeleistungen nützlich, um Betroffenen zu ermöglichen, diese Situation zu meistern und gestärkt aus ihr hervorzugehen.

Egal, für welches Modell sich eine Familie entscheidet, besonders in Deutschland erfahren Mütter selten eine gesellschaftliche Akzeptanz und ehrliche Anerkennung dafür, dass sie den Großteil der Last, die die Vereinbarkeit von Beruf und Familie bedeutet, auf ihren Schultern tragen. Jede Frau darf eine individuelle, bestmögliche Entscheidung für sich treffen. Unabhängig vom Schubladendenken des Umfelds ist jede im gegenseitigen Einvernehmen getroffene Entscheidung gut und richtig.

Was also genau erwarte ich, wenn ich dazu auffordere, dass wir uns nicht mit Vorurteilen aufhalten sollten? Ich meine damit, dass Frauen wie Männer aufhören sollten, sich an veralteten Klischees abzuarbeiten. Wir brauchen Frauen, die sich erlauben, eine größere Vorstellung von ihrem beruflichen Fortkommen, von der Möglichkeit der Einflussnahme zu machen.

Wir dürfen uns nicht fremden Spielregeln unterwerfen, sondern müssen mitgestalten. Jede Frau ist in der Berufswelt wichtig, um den Mehrwert der weiblichen Stärken und Sichtweisen einzubringen und Männern durch praktisches Handeln klarzumachen, dass sie an kompetenten Frauen nicht vorbeikommen. Wir brauchen Männer, die den Mut haben, überholte Muster aufzugeben und als Vorbild für andere Männer zu fungieren.

»Aber wozu sich immer wieder den Kopf an der gläsernen Decke anschlagen?«, fragen mich Frauen manchmal. Weil wir mit unserem Engagement und unserem Gestaltungswillen eine Saat säen, die aufgehen und gedeihen wird. Auch wenn das nicht sofort passiert.

Mehr Frauen in den Aufsichtsräten und Vorständen ist eine Möglichkeit, um die blockierenden Vorurteile aufzulösen. Bei einem Frauenanteil von 50 Prozent hätte der Redner auf einer Hauptversammlung vermutlich nicht den Mut besessen, das Wort in dieser Weise zu ergreifen. Das wird aber vorerst nur über eine Quote funktionieren. Als Frauen auf jeder Hierarchiestufe stark zu denken, ist eine zweite Alternative. Albert Einstein hat sinngemäß gesagt, man könne ein Problem nicht in der gleichen Weise lösen, wie es entstanden ist. Es lohnt also nicht, auf Angriff mit Verteidigung oder Gegenangriff zu reagieren. Eine Lösung erreichen wir nur, wenn wir alte Muster hinter uns lassen, mutig Verantwortung übernehmen und den eigenen Gestaltungsspielraum sukzessive ausbauen.

Nicht falsch verstehen: Auch ich rege mich immer wieder mal über Stereotype auf. Aber meist sage ich mir nach kurzer Zeit: »Stopp, Manuela. Egal, was du tust, für irgendwen bist du immer ein Klischee.« Dann fällt mir die Geschichte mit dem Indianer ein, der gefragt wird, wie man mit widerstreitenden Gefühlen umgehen solle. Es gewinne immer der Wolf, antwortet der weise Alte, den man füttere. Welchen Wolf will ich nähren? Diese Frage hilft mir, um wieder mit mir selbst auf Augenhöhe zu kommen, wenn man mich in eine Schublade stecken will.

Was wollt ihr mit eurem Engagement bedienen: überholte Stereotype oder den Fortschritt?

Quote – dagegen und dafür

Um endlich schneller voranzukommen, hat der Bundestag 2015 die Einführung einer Frauenquote beschlossen, die langfristig zum Anstieg des Frauenanteils in Führungspositionen in der Privatwirtschaft sowie im öffentlichen Dienst beitragen soll. Seit der Einführung der Quote vergeht kaum eine Woche, in der das Thema »Mehr Frauen in Führungspositionen« nicht kontrovers diskutiert wird. Seit Mai 2015 ist die Quote mit dem Gesetz »Für die gleichberechtigte Teilhabe von Frauen und Männern an Führungspositionen in der Privatwirtschaft und im öffentlichen Dienst« in Kraft getreten. Von dieser Regelung sind rund 3500 mitbestimmungspflichtige und/oder börsennotierte Unternehmen der Privatwirtschaft betroffen. Bis zum 30. September 2015 mussten erstmals in Aufsichtsrats- und Vorstandssitzungen Beschlüsse über selbstbestimmte Zielgrößen gefasst werden. Ein maßgeblicher Regelungsinhalt ist die Vorgabe eines Frauenanteils von 30 Prozent als Mindestgröße. Dies gilt im Aufsichts- beziehungsweise Verwaltungsrat, im Vorstand wie in der Geschäftsführung und in den beiden Führungsebenen unterhalb des Leitungsorgans.

»Wie denkst du über die Quotenregelung?« ist eine der Fragen, die mir am häufigsten gestellt wird. Was soll ich sagen? Ich kenne kaum eine Frau, die gern Quotenfrau wäre. Jeder, das gilt sowohl für

Männer als auch Frauen, wünscht sich, aufgrund von Qualifikationen befördert zu werden. Doch solange die Gleichstellung noch nicht Realität ist, werden wir diesen Übergang mit der Krücke oder Kröte Quote brauchen.

Wenn in Aufsichtsräten für die Besetzung hochrangiger Positionen zweitklassige Frauen vorgeschlagen werden, nur damit die Quote erfüllt wird, kann das aus unternehmerischer Sicht nicht zielführend sein. Es kann also passieren, dass Frauen nicht ausreichend kompetent sind, ebenso wie Männer übrigens auch. Nur: Würde man bei einem Mann laut äußern, dass er nicht geeignet sei, und dann zur Tagesordnung übergehen? Bei einer nicht so fähigen Frau hingegen fängt man an, über die Qualifikation von Frauen insgesamt nachzudenken. Über dem Kopf von Frauen, die Karriere machen wollen, schwebt stets die Frauenthematik. Doch das ist überholt. Es darf heute nur noch darum gehen: kompetent oder nicht kompetent. Welches Geschlecht hinter dieser Kompetenz steckt, ist irrelevant. Es gibt männliche Weicheier und weibliche Kraftpakete. Und umgekehrt. Diese Genderdiskussion muss aufhören. Im Job geht es um Aufgaben und Lösungen – und da sollten sich die Geschlechter in ihren Kompetenzen und Fähigkeiten ergänzen.

Aus diesem Grund appelliere ich an die Frauen: Seid mutig, macht euch sichtbar, lernt und zeigt, was ihr draufhabt, und übernehmt Verantwortung. Viel zu oft noch steigen Frauen aus guten Positionen aus, um eine Familie zu gründen, und kehren hinterher auf einen Posten zurück, für den sie überqualifiziert sind. Viel zu oft noch entscheiden sich Frauen gegen eine höhere Position, bevor sie sich beworben haben: aus Angst, den Anforderungen nicht sofort zu hundert Prozent zu genügen.

Deshalb wünsche ich mir, dass die Quote eine Übergangsphase ist und wir irgendwann nicht mehr über dieses Thema diskutieren müssen. Ein Stück auf einem Weg, der hoffentlich nicht mehr zu lange dauert.

In der Vergangenheit haben wir Frauen nur dann Fortschritte erzielt, wenn diese durch eine gesetzliche Änderung erreicht wurden. 1918 erfolgte die Einführung des Frauenwahlrechts in Deutschland. Viele behaupten, für uns Frauen sei in der Zwischenzeit nicht viel passiert. Das stimmt und stimmt gleichzeitig auch nicht. Einerseits kann ich mir nicht mehr vorstellen, dass wir vor hundert Jahren nicht wählen durften, genauso wie ich mir andererseits heute nicht mehr vorstellen kann, dass Frauen nicht über alle Fähigkeiten verfügen, um erfolgreich in einem Vorstand oder Aufsichtsrat zu arbeiten. Und in zwanzig Jahren werde ich mir vermutlich nicht mehr vorstellen können, dass Frauen überhaupt noch, was Positionen und Gehälter anbelangt, den Männern gegenüber benachteiligt sind.

Vor fünfzig, sechzig Jahren waren wir noch meilenweit entfernt von einer Vereinbarkeit von Beruf und Familie. In Bayern mussten Lehrerinnen bis in die Fünfzigerjahre zölibatär leben wie Priester und ihre Tätigkeit aufgeben, wenn sie heirateten. Sie sollten entweder voll und ganz für die Erziehung fremder Kinder zur Verfügung stehen oder alle Zeit der Welt haben, um sich um den eigenen Nachwuchs zu kümmern. Noch bis 1962 durften Frauen ohne Zustimmung des Mannes kein eigenes Bankkonto eröffnen. Erst nach 1969 wurde eine Frau – wenn sie verheiratet war – als geschäftsfähig angesehen. 1972 wurde Annemarie Renger die erste Präsidentin des Deutschen Bundestags. Erst diese gesetzlichen Anpassungen und der Kampf einiger engagierter, mutiger Frauen um Frauenrechte sowie deren gemeinsames Vorgehen haben Veränderungen bewirkt.

»Das ist ja noch nicht mal fünfzig Jahre her«, staunt Generation Y oft ungläubig bei meinen Ausführungen. Und ich gebe ihr recht. Angesichts dieser Faktenlage bin ich für die Quote als Beschleuniger und hoffe, dass wir sie in wenigen Jahren nicht mehr brauchen. Ich bin dafür, damit Frauen auf allen verantwortlichen Ebenen zeigen dürfen, was sie können. Damit Firmen gezwungen sind, die Jobs nicht nur unter Männern, sondern gleichberechtigt unter Frauen und Männern aufzuteilen.

Quote heißt nicht inkompetent, das ist so selbstverständlich, dass ich es fast gar nicht zu Papier bringen mag. Und trotzdem ist es notwendig, das erneut explizit zu sagen. Die Quote dient nur dazu, einen längst überfälligen Ausgleich zu schaffen. Frauen sind kompetent und müssen endlich die Positionen einnehmen, die sie verdienen.

Betrachte ich die Quote emotional und wehre mich gegen sie, ist das vielleicht ein bisschen wie mit dem reaktionären Redner auf der Hauptversammlung. Mich rechtfertigen zu wollen, macht mich kleiner. Wenn ich weiß, was ich kann, wenn ich weiß, wo meine Qualitäten und Stärken liegen, wenn ich weiß, welchen Sinn ich mit meiner Arbeit stiften kann und was ich bewegen will, dann sage ich: »Danke, Quote. Nun kann ich tun, was getan werden muss.«

Denke ich an meinen ersten Wahlkampf 1994 zurück, kann ich sehen, dass der Slogan »Es wird Zeit. Eine Frau für den Aufsichtsrat« wahrscheinlich auch zu aggressiv war. Kein Wunder, dass es mit dieser Message nicht geklappt hat. Frauen in Aufsichtsräten war 1994 noch kein gesellschaftliches Thema gewesen. Ja, es ist inzwischen einiges passiert auf dem Weg zur gleichberechtigten Teilhabe von Frauen und Männern, aber noch lange nicht genug.

Mir geht es zu langsam voran. Deshalb brauchen wie vorerst die Quote, damit qualifizierte Frauen ihren festen Platz in den Führungsetagen finden. Nur mit einer solchen erzeugen wir die notwendige Veränderung. Sobald dieses Ziel erreicht ist, wird sich die Quote selbst abschaffen.

Weibliche Führungsstärken leben

1784 begann mit der Einführung mechanischer Produktionsanlagen das Zeitalter der Industrialisierung 1.0. Die Menschen wanderten in die Städte, um Arbeit zu finden. Anfang des 20. Jahrhunderts erfolgte die arbeitsteilige Massenproduktion durch elektrische

Energie, die Phase 2.0 war geboren. 1969 kam es durch den Einsatz von Elektronik und IT zur weiteren Automatisierung der Produktion 3.0 – fortan begannen sich die Arbeitsmärkte langsam zu verändern.

Nun ist das Zeitalter 4.0 angebrochen, die digitale Ära, die unsere Arbeitswelt revolutionieren wird. Wir stehen vor gewaltigen Veränderungen. Es braucht neue Konzepte, die auch die Frauen stärker betreffen, um die heutige Komplexität zu bewerkstelligen.

Die drei neuen Ks

Vor Kurzem traf ich auf einer Veranstaltung Bernd Thomsen. Der Zukunftsexperte und CEO der globalen Strategieberatung Thomsen Group beschäftigt sich hauptberuflich damit, wie sich unsere Zukunft entwickeln wird und was wir Menschen tun können, um sie erfolgreich mitzugestalten. Wir sprachen darüber, wie sich das Business von übermorgen gestalten wird, und waren uns einig: Die Arbeitswelt befindet sich im Umbruch. Das 21. Jahrhundert zwingt uns, neue Wege zu suchen, um die Umwälzungen, die die Digitalisierung mit sich bringt, positiv zu nutzen.

Für mich ist klar: In der durch radikale Transformation, Komplexität und Vielschichtigkeit geprägten Gegenwart und Zukunft sind unsere Herausforderungen weder vorrangig technischer oder ökonomischer Art, sondern kulturell und sozial. Es liegt in unserer Verantwortung, diese Veränderungen, mit denen wir uns konfrontiert sehen, sinnstiftend und kraftvoll zum Nutzen der Menschen und der Natur zu gestalten und damit die Lebensgrundlagen zu verbessern. Es liegt auch in unserer Pflicht, vorausschauend die mit der Digitalisierung verbundenen Risiken zu vermeiden. Die tradierten Handlungsmuster und Reaktionsrhythmen, mit denen wir uns durch das Industriezeitalter bewegten, sind zu träge, um diese Umschwünge zu steuern. Die vorhandenen hierarchischen Strukturen des 20. Jahrhunderts, die starren Arbeitszeitmodelle und die fehlenden sozialen Fähigkeiten sind Bremsklötze des schnellen Wandels.

Eine wachsende Informationsdichte, eine zunehmende Komplexität verlangen von uns allen neue Handlungsweisen. Wer im Berufsleben steht, kommt ohne soziale und persönliche Netzwerke nicht aus. Es werden Menschen gebraucht, die neben der fachlichen Kompetenz in der Lage sind, sich durch Selbstreflexion ein Leben lang weiterzuentwickeln, neuen Sichtweisen eine Chance zu geben, andere Meinungen wertzuschätzen und gelten zu lassen. Die sich bestehende Vorurteile aktiv bewusst machen und abbauen. Dies setzt eine große Portion Einfühlungsvermögen voraus und die Fähigkeit, sich selbst zurückzunehmen.

Die Welt ist durch die sozialen Medien transparenter, schneller und vernetzter als je zuvor. Wahre und falsche Informationen erreichen uns im Sekundentakt. Die Informationsdichte, die täglich auf uns einprasselt, ist nicht zu bewerkstelligen, sie belastet jeden von uns. Die Vor- und Nachteile dieser kommunikativen Entwicklung erfordern von allen und besonders von Führungskräften ein bewusstes, nachvollziehbares und ganzheitliches Handeln, verbunden mit einer hohen emotionalen und sozialen Kompetenz, mit Resilienz und Selbstbeherrschung.

Hier kommen die typisch männlichen und typisch weiblichen Kompetenzen ins Spiel. »Shebility« nennt Bernd Thomsen das menschliche Asset, das Frauen wie auch Männer zukunftsfähig macht, und meint damit eine stärkere Fokussierung auf weiblich konnotierte Fähigkeiten, die seinen Studien zufolge in den nächsten fünfzig Jahren alle Bereiche des gesellschaftlichen und wirtschaftlichen Lebens verändern werden.

In einer Kolumne für das *Handelsblatt* führt Thomsen aus, was das fürs Business bedeutet: »Schon heute wünschen sich Beschäftigte ein von Shebility geprägtes Führungsverhalten, basierend auf Wertschätzung und Teilhabe, zwei Kernkompetenzen, die in ihrer

Bedeutung für Innovationen wichtig sind. Dieses Skill-Set wurde lange insbesondere Frauen zugeschrieben und blieb in unserer männlich dominierten Arbeitswelt weitestgehend unbeachtet.« Er ist überzeugt, dass wir die Herausforderungen des digitalen Zeitalters, etwa den erhöhten Innovationsbedarf, viel leichter bewältigen, wenn wir den sogenannten weiblichen Qualitäten, also emotionale und soziale Intelligenz, einen neuen Stellenwert einräumen.

Die Alliteration Kinder, Küche, Kirche, auch genannt die drei K, ist eine stehende Wendung, die die soziale Rolle der Frau nach konservativen Wertvorstellungen beschreibt. Diese drei Ks sind überholt. Die soziale Rolle der Frau umfasst mehr, als es diese eingeschränkte tradierte Sichtweise zulässt. Daher bedürfen die drei Ks einer zeitgemäßen Anpassung und Erweiterung um die sozialen Qualitäten in der zusätzlichen beruflichen Rolle der Frauen: *Kommunikation, Konsens-* und *Kooperationsfähigkeit.* Sie haben sich aus der langen historischen Sozialisierung von Frauen entwickelt und wurde durch ihre passive Rolle (die alten drei Ks) geprägt. Heute sind Frauen in einer aktiven Rolle im Beruf und in der Gesellschaft, und die Erfahrungen lassen sich neu und sinnstiftend einbringen. Denn diese ausgeprägten weiblichen Stärken stellen im digitalen Zeitalter Schlüsselkompetenzen dar.

Kommunikation ist kein Selbstzweck, sondern vielmehr eine wesentliche Voraussetzung, um Transparenz herzustellen. Sachverhalte so zu vermitteln, dass alle die Botschaft einheitlich interpretieren, ist eine hohe Kunst der Kommunikation. Das Ziel: miteinander zu reden, aber richtig, um einen gemeinsamen Nenner zu finden. Wertschätzendes Sprechen richtet sich am Gegenüber aus.

Kommunikation, das erste K, ist also eine Voraussetzung, um das zweite K, nämlich Konsensfähigkeit, zu erzeugen. Eine weitere weibliche Stärke, die wir in Zukunft vermehrt brauchen, weil wir immer mehr darauf angewiesen sind, das Ganze im Auge zu behalten, alle Interessen zu berücksichtigen und zu bündeln. Gleichzeitig sind werteorientierte und konsensfähige Entscheidungen, die vom Team getragen und umgesetzt werden, unverzichtbar. Es geht darum, die bestmögliche Lösung zu entwickeln, die für Menschen einen konkreten Nutzen bietet. Frauen achten bewusster darauf, dass sie möglichst alle mitnehmen, niemanden verlieren.

Die digitale Ära wird auch oft das Zeitalter der Ungewissheit genannt. Die Menschen fühlen sich verunsichert durch den dynamischen Wandel der Welt. Viele Mitarbeiter, aber auch Führungskräfte sehen sich eher als Opfer denn als Macher einer neuen Zeit. Dies führt zu einer besonderen Aufgabe: Konsensfähigkeit bedeutet zum einen, eine Situation realistisch einzuschätzen, und zum anderen, den gemischten Gefühlen der Mitarbeiter konstruktiv und mit dem nötigen Respekt zu begegnen, um das Potenzial jedes Einzelnen zu fördern und voranzukommen.

Das dritte K steht für Kooperation. Frauen haben die Fähigkeit, gut zu kooperieren. Gemeint ist das zweckgerichtete Zusammenwirken von Personen, um in Projekten durch Arbeitsteilung ein gemeinsames Ziel zu erreichen. Unterschiedliche Fähigkeiten miteinander zu teilen, wird in diesem Zusammenhang als Modell in Zukunft immer interessanter.

Studenten sind heute weit weniger an Karriere interessiert als früher. Zu diesem Ergebnis kommt eine Studie der Unternehmensberatung Ernst & Young 2018. Von über 2000 befragten Studenten aus siebenundzwanzig Universitätsstädten gaben über 70 Prozent an, dass Familie einen sehr hohen Stellenwert habe. In früheren Untersuchungen lag dieser Wert deutlich niedriger. Nur noch rund 40 Prozent der Studierenden sprachen ein Interesse an einem beruflichen Aufstieg aus. Zwei Jahre zuvor lag dieser Wert noch bei 57 Prozent.

Wie können Unternehmen die jungen Menschen, vor allem Frauen, gewinnen? Indem sie den Kooperationsgedanken auf neue Arbeitsmodelle übertragen.

Beiersdorf setzte 2016 als erster deutscher DAX-Konzern die innovative Software Tandemploy ein, mit der Mitarbeiter sich verbinden können, um für ihre aktuelle berufliche Situation entsprechende Partner zu suchen, die bereit sind, sich einen Job zu teilen. Die Tandempartner, ob Mann oder Frau, ob Jung oder Alt, bewerben sich gemeinsam und stimmen sich selbstständig bei der Arbeitsaufteilung ab, nach außen treten sie als eine Person auf. Jobsharing wurde erfunden, um für Frauen und für Männer neue Arbeitsmodelle zu entwickeln, um die Vereinbarkeit von Beruf und Familie zu erleichtern und auf diese Weise neue Strukturen ins digitale Zeitalter zu bringen.

Den nachfolgenden Generationen ermöglicht ein gemischtes Tandem aus meiner Sicht eine zukunftsweisende Karriereplanung, von der alle Beteiligten profitieren: die Angestellten, Männer wie Frauen, weil sie die Gelegenheit bekommen, Verantwortung zu teilen sowie Familie und Beruf gleichberechtigt und in Balance zu vereinen. Und die Unternehmen, weil sie sich auf diese Weise Führungskräftenachwuchs sichern.

Aus meiner Unternehmenserfahrung stimme ich Thomsens folgendem Fazit zu: »Shebility wird zu einem entscheidenden Erfolgskriterium in Unternehmen – und das gilt nicht nur für Frauen. Dass diese Fähigkeiten einem Geschlecht zuzuordnen wären, beruht jedoch auf einem Irrtum. Anders als häufig vermutet, bilden sich prosoziale Motive wie Empathie und Mitgefühl erst im Kleinkindalter, Macht- und Leistungsmotive sogar erst im Vorschulalter heraus. Weiblich konnotierte Fähigkeiten sind also nicht per Geschlecht und Geburt vorhanden, sondern entwickeln sich durch (bisher noch) geschlechtsspezifische Erziehung. Ein Mann oder eine Frau zu sein, lässt sich also nicht bloß auf eine unterschiedliche Chromosomenstruktur oder unterschiedliche Geschlechtsmerkmale reduzieren. Die Leader von übermorgen werden verstanden haben, dass Einfühlungsvermögen und Führung auf Augenhöhe Teams und damit Unternehmen sowie die gesamte Wirtschaft marktfähig machen. Und sie werden diese Werte leben, egal ob Mann oder Frau.«

Unternehmen brauchen nicht nur Männer, sondern auch Frauen, um die Zukunft zu bewältigen. Frauen können den Männern dabei helfen, ihre »Shebility« zu stärken, Bewährtes zu behalten und neue »weibliche« Kompetenzen hinzuzufügen. Die männlichen Stärken, Durchsetzungskraft, Risikobereitschaft, Entscheidungsfreude, kombiniert mit den weiblichen Fähigkeiten Kommunikation, Kooperation und Konsens, sind der perfekte Mix für eine erfolgreiche Führung, um die wachsende Komplexität der digitalen Arbeitswelt zu bewerkstelligen.

In Generationen denken

Auf einem Vortrag zum Thema »Führung von morgen« löste ich eine heftige Diskussion mit folgender Aussage aus: »Ich erwarte, dass meine Mitarbeiter sich fachlich weiterentwickeln, und ich bin stolz, wenn sie fachlich besser werden als ich. Es ist meine Aufgabe, sie für die Zukunft fit zu machen.«

»Das kann nicht dein Ernst sein«, reagierten einige männliche Kollegen empört. »Wenn deine Mitarbeiter über mehr Fachwissen verfügen als du, dann untergräbt das deine Kompetenz. Du machst dich angreifbar, verlierst die Akzeptanz als Führungskraft.«

Da ist sie wieder, die Denkblockade! Ich sehe das anders: Wer sich von starren Hierarchien löst, setzt auf die Kraft des gesamten Teams. Dynamische Führungskräfte sind offene, inspirierende Impulsgeber und keine statischen Vorgesetzten, die Veränderung als Bedrohung empfinden statt als Chance. Es ist ihre Verantwortung, die Jüngeren wie auch die Älteren für die Zukunft fit zu machen.

Unternehmen müssen also nicht nur den Shebility-Faktor erhöhen, um zukunftsfähig zu bleiben, sondern auch die gesellschaftlichen Veränderungen mitdenken und mitplanen. Wir wissen heute, wie schnell selbst renommierte Unternehmen vom Markt verschwinden können, wenn die Führungsmannschaft zu kurzfristig denkt und handelt und das große Feld ihrer Mitarbeiterschaft alleine lässt oder aus den Augen verliert.

Die Welt wird nur überleben, wenn wir größere Zeitabschnitte im Blick haben und die damit verbundenen absehbaren und nicht absehbaren Veränderungen. »Nachhaltigkeit« heißt das Schlagwort der Zukunft, und das meint: nicht nur in Erträgen, sondern auch in Generationen zu denken.

Es muss sich eine neue Form kollektiver Zusammenarbeit und Führung entwickeln. Führungskräfte haben eine maßgebliche Rolle bei der Steuerung der digitalen Transformation, sie tragen Verantwortung für den Ausbau neuer Mitarbeiter- und Anforderungsprofile. Dies setzt eine tragfähige Vertrauenskultur voraus und die Bereitschaft, Mitarbeitern Freiräume zu geben, sie glänzen und sich selbst übertreffen zu lassen. Andere größer zu machen, sie zu befähigen und ihr Leben lang zu coachen, zeichnet gute Führung aus. Häufig wird jedoch noch die Ansicht vertreten, dass es nicht in Ordnung sei, wenn die eigenen Mitarbeiter besser werden als man selbst. Die Sorge, der Führungsanspruch ginge damit verloren, schwingt mit.

Moderne Führungskräfte führen auf Augenhöhe. Sie müssen sich ehrlich fragen: Was kann ich, was sind meine Stärken und Fähigkeiten? Und genauso ehrlich: Was kann ich nicht? Wo brauche ich Unterstützung? Und sie müssen diese Karte auch offen und aufrichtig spielen. Nur so lässt sich ein Team zusammenstellen, das allen Wetterumschwüngen trotzt.

Ich bin ziemlich sicher, dass sich jede Führungskraft bei der Geschwindigkeit, mit der sich die Welt und die Ansprüche ändern, auch folgende Fragen stellen muss: Wie lade ich mich persönlich auf? Wie bilde ich mich weiter? Es geht darum, Lernfähigkeit und Offenheit bei sich selbst und anderen zu erkennen und zu fördern. Wir können nicht mehr mit einer Ausbildung oder einem Studium die nächsten dreißig, vierzig Jahre auf dem gleichen Level bleiben. Heute überholt sich Wissen oft schon nach fünf Jahren.

Nach dreißig Jahren unterschiedlichster Führungsarbeit mit Frauen und Männern kann ich sagen: Frauen tun sich häufig leichter, die Führungsanforderungen in der neuen Zeit zu bewältigen, ihnen fällt es einfacher, schnell umzudenken – alte betriebswirtschaftliche Muster zu verlassen und einen kollektiven Führungsstil zu akzeptieren. Frauen haben, auch wenn das sehr vereinfachend und provokant klingt, das Nachhaltigkeitsprinzip in ihrer DNA, schon allein deshalb, weil sie Kinder bekommen können. Sie sind gewissermaßen sozialisiert, in Generationen zu denken. Ebenso wie ihre Fähigkeiten, selbstkritisch zu reflektieren.

Sie schaffen es relativ unproblematisch, weit nach vorn zu schauen, weil die drei Ks auf Entwicklung ausgerichtet ist. Mithilfe der drei Ks können alle Beteiligten inhaltlich auf den gleichen Informationsstand gebracht und gehalten werden (Kommunikation). Es findet Integration in Teams statt, Motivation und Verständnis wird erzeugt (Konsens), sodass nachhaltige, tragfähige Entscheidungen getroffen werden können (Kooperation). Meine Erfahrung ist, dass weibliche Führungskräfte in der Regel realistisch in ihrer Leistungsbereitschaft sind, realistisch ihre individuellen Fähigkeiten einschätzen. Sie übernehmen Verantwortung für Menschen mit unterschiedlichen Biografien und Kenntnissen. Verantwortung ist für Frauen auf diese Weise mehr als eine Sprosse auf der Karriereleiter. Es bedeutet, Mitarbeiterinnen und Mitarbeiter so zu motivieren, dass sie sich zu einem erfolgreichen Team formieren und gemeinsam für das Unternehmen den wirtschaftlichen Erfolg sicherstellen. Und auch als Vorbild zu agieren, also sich selbst und andere zu führen und zu fördern, ebenso wie sich selbst und andere vor Überforderung zu schützen.

Besonders junge Menschen, die gerade in das Berufsleben einsteigen, erwarten, dass die Führungskraft sie in ihrer ganzheitlichen persönlichen Entwicklung und Lebensplanung unterstützt. Unser Nachwuchs, die viel diskutierte Generation Y und alle nachfolgenden Generationen, wollen ihr Leben facettenreich gestalten und sich nicht vorrangig der Ökonomisierung des Lebens unterwerfen.

In den kommenden Jahren stehen uns – demografisch gesehen – immer weniger qualifizierte Arbeitskräfte zur Verfügung. Die Arbeitsbelastung Einzelner nimmt stetig zu. Es wird schwieriger, Beruf und Familie zu vereinbaren. Wir müssen zwangsweise einen Weg finden, wie sich Männer und Frauen ihre Arbeit so aufteilen können, dass sie den Unterhalt der Familie sicherstellt. Das wird die Aufgabe der Zukunft: Die richtigen Unternehmensstrukturen und Arbeitsmodelle zu finden, damit Männer und Frauen gleichermaßen Karriere machen können, Zeit für ihre Kinder und für pflegebedürftige Angehörige haben, Zeit für Hobbys, Weiterbildung und für gesellschaftliche Aufgaben.

Unternehmen und Führungskräfte, die in Zukunft individuelle, maßgeschneiderte Arbeitsmodelle und -zeiten für die verschiedenen Lebensphasen und Bedürfnisse der Menschen entwickeln, werden die besten Kräfte an sich binden und am Markt nachhaltig erfolgreich sein. Davon werden alle profitieren: Frauen, Männer, Kinder, älter werdende Menschen, die Gesellschaft und vor allem die Unternehmen selbst.

Nur wer in Generationen denkt, kann Zukunft gestalten. Nehmen wir alte Denkmuster kritisch unter die Lupe, stellen mutig tradierte Normen infrage und nutzen unsere Kreativität, um Neues entstehen zu lassen. Ich setze auf die Kraft der Fantasie, um mit Kreativität, Mut und Freude umzudenken, um aktiv eine notwendige neue Führungskultur aufzubauen.

Deshalb appelliere ich an Frauen aller Generationen: Nachhaltiges Führen ist euer Talent, übernimmt Verantwortung. Ihr könnt es! Die digitale Businesswelt braucht euch! Macht es einfach!

7

MUT,
SOLIDARISCH ZU SEIN

Den Nachwuchs größer machen

Im Juni 2017 folgte ich einer Einladung von UNICA, einem Expertinnennetzwerk für Beratung und Mentoring an der Hamburger Universität. Da ich mich seit Jahrzehnten für das Thema »Diversity und Nachwuchsförderung« einsetzte, wusste ich, dass dicke Bretter gebohrt werden müssen, um sichtbare Fortschritte zu erzielen. Dies verdiente Unterstützung, und mit meiner Teilnahme drückte ich meinen Respekt für die professionelle und nachhaltige Arbeit von UNICA aus. Mentoring-Programme dienen dazu, Berufseinsteiger oder Aufsteiger zu unterstützen, eine berufliche Identität zu entwickeln oder das aktuelle berufliche Handeln zu reflektieren. Auch Studentinnen, die sich in der Orientierungsphase befinden, die eine Nähe zur beruflichen Praxis suchen, um sich auf Ihren Start ins Berufsleben vorzubereiten, wünschen sich Mentorinnen.

»Mir fehlen weibliche Vorbilder, an denen ich mich orientieren kann«, sagen mir oft junge weibliche Führungskräfte. Ich würde noch einen Schritt weiter gehen: Es braucht Vorbilder, die Frauen ermächtigen. Das ist der Grund, warum ich mir bereits vor dreißig Jahren vorgenommen habe, mich aktiv als Sparringspartnerin für berufstätige Frauen einzusetzen und ihnen Zugang zu meinen Netzwerken zu vermitteln. Seitdem berate ich jeweils über einen Zeitraum von etwa zwölf Monaten eine Mentee, wir treffen uns je nach Bedarf, legen fest, an welchen Themen wir arbeiten werden.

Es ist mir wichtig, dass wir Frauen, die über langjährige Berufserfahrungen in Führungspositionen verfügen, unser Wissen aktiv an die nächste Generation weitergeben, berufliche Wege aufzeigen, Kontakte teilen und Mut machen, wo immer es benötigt wird. Solidarität unter Männern wird aktiv gelebt, bei Frauen ist dies noch lange nicht selbstverständlich, da ist noch viel Luft nach oben.

Veränderung braucht Vormacher und Vormacherinnen

Um diese Solidarität zu leben, sind zunächst einmal Vorbilder entscheidend – weibliche wie männliche. Mein Chef in der PR-Abteilung bei Beiersdorf war eine starke Persönlichkeit mit einer ausgeprägten humanistischen Grundhaltung. Diese hat sich bei mir tief verankert. Ich achtete im Lauf unserer Zusammenarbeit immer mehr darauf, ob Menschen in meinem Umfeld eine solche Haltung zeigten. Diese Personen zogen mich geradezu an, weil ich spürte: Wer andere liebevoll und mit Respekt behandelt, stärkt sie. Es fühlt sich so gut an, zu sehen, wie Gesprächspartner aufblühen, wenn wir ihnen ehrliche Wertschätzung entgegenbringen. Mir wurde immer klarer, dass wir alle wieder und wieder Bestätigung und ein konstruktives Feedback von außen benötigen. Statt uns mit Kritik zu begegnen oder andere, die mit Vorurteilen behaftet sind, ebenfalls in Schubladen einzuordnen, wären viele Missverständnisse oder Herabsetzungen vom Tisch, wenn wir unser Gegenüber achteten. Wie Pflanzen, die stark werden durch regelmäßiges Düngen, brauchen wir Anerkennung, Lob und Wertschätzung. Wir müssen das Selbstbewusstsein unserer Partner im Privat- und im Berufsleben stärken, nicht schwächen.

Mit humanistischer Grundhaltung meine ich auch, dass wir unsere eigenen Interessen zurückstellen. Wären Lob, Anerkennung und Wertschätzung sowie die Förderung des Individuums und dessen Persönlichkeitsentfaltung das Selbstverständnis von Führung und ebenso von Erziehung, gäbe es weniger Unsicherheit und weniger Aggressionen.

Ich selbst hatte das Glück, als Mentee von der Professionalität meines Chefs zu lernen und mich dadurch weiterzuentwickeln. Die Erfahrung, einen Mentor zur Seite zu haben, der an einen glaubt und einen ermutigt, einem etwas zutraut, verlieh mir Flügel und ließ mich über mich hinauswachsen. Mein Berufsleben veränderte sich durch ihn. Er ermächtigte mich dazu, meine Stärken in meine Arbeit einzubringen, und legte damit einen Grundstein für meinen beruflichen Erfolg. Ich verstand, dass Geldverdienen zur Freude werden kann, wenn der Beruf einen Sinn erfüllt und zur Berufung wird. Diese Erkenntnis war und ist ein so großes Geschenk für mich.

Nach vielen beruflichen Niederlagen traf ich in ihm einen Menschen, der an mich glaubte, der meine Talente erkannte und der sein Wissen mit großer Freude an mich weitergab. Ich hatte ihn nicht bewusst gesucht, es war Zufall, dass sich unsere beruflichen Wege kreuzten.

Eine langjährige Kollegin meinte: »Ich behaupte mal, dass nicht nur dein Chef damals unabhängig von dir beschlossen hat, dein Mentor sein zu wollen. Ich denke, dass deine offene und wissbegierige Art ihn dazu bewogen hat. Es macht einfach viel Freude, mit dir zu arbeiten.« Warum ist das so? Ich versuche, genau hinzuhören, will herausfinden, was der andere braucht, um seinen Job gut zu machen, überlege, wie ich ihm dabei helfen kann. Geben und Nehmen, dieses Prinzip habe ich verinnerlicht. Mein Chef und ich wollten gegenseitig unser Berufsleben positiv gestalten. Vertrauen und Ehrlichkeit bildeten die Säulen. Mentoring bedeutet, emphatisch wahrzunehmen, was das Gegenüber benötigt, um vorhandenes Potenzial sinnvoll zu entfalten. In dem Moment, in dem ich jemanden in seiner Persönlichkeit wertschätze, ihn wahrnehme, mich ehrlich für ihn interessiere, in dem Moment rücken wir einander näher und können Großes gemeinsam vollbringen.

Es gab Chefs, mit denen diese Form der Zusammenarbeit unvorstellbar war. Manchmal werden sie uns ja buchstäblich »vor die Nase gesetzt«, warum sie auch Vorgesetzte genannt werden. Dieser Typus führt statisch, ist abhängig von hierarchischen Strukturen und fokussiert sich auf seine persönliche Karriere, statt die Weiterentwicklung des ihm anvertrauten Teams in den Vordergrund zu stellen. Ein Vorgesetzter, der sich nicht wirklich für seine Mitarbeiter interessiert, sie nicht fördert und sinnhaft für Aufgaben einsetzt, der aufgrund persönlicher Präferenzen Personen bevorzugt behandelt, disqualifiziert sich. Engagierte Mitarbeiter sind von diesem Typus irritiert, weil sie es mögen, selbstständig zu agieren, weil sie ihr Wissen und ihre Energie uneingeschränkt einsetzen möchten, weil sie gern autonom handeln und dafür Verantwortung übernehmen. Das kommt bei dynamischen Führungskräften positiv an, während Vorgesetzte damit eher ein Problem haben und ihre Mannschaft zu eng führen. Hierarchie und obrigkeitshöriges Arbeiten haben aber in Zeiten der Transformation keinen Platz mehr.

Mir ist es wichtig, mein Wissen aktiv an die nächste Generation weiterzugeben. Das heißt, ich stelle meine Netzwerke zur Verfügung, öffne Türen zu Entscheidern und zeige Wege auf, alte Denkmuster aufzudecken. Ich weise auf ausgesprochene und unausgesprochene Regeln in Organisationen hin und stärke Frauen den Rücken, damit sie ihrer inneren Stimme folgen und mutig sind. Solidarität ist wohltuend, ist Balsam fürs Selbstbewusstsein.

Andere ermächtigen

Universitäten und große Unternehmen bieten ihren Studierenden oder Mitarbeitern professionelle Mentoring-Programme an. Man kann auch Eigeninitiative entwickeln, sich umhören oder umschauen: Welche Person finde ich so spannend und so interessant, dass ich gezielt auf sie zugehen möchte, um zu fragen, ob sie als Mentor oder Mentorin zur Verfügung stehen würde?

»Was benötigen Mentees von ihren Mentoren besonders? Ist es die fachliche Einschätzung oder geht es darum, wie der Weg in die Wirtschaft gelingen kann?« So lautete die Eröffnungsfrage auf der Podiumsdiskussion von UNICA an mich.

Meine Antwort: »Ich erlebe gut ausgebildete Frauen, die vor ihrem Einstieg ins Berufsleben die Nähe zur beruflichen Praxis suchen, um sich auf die Arbeitswelt vorzubereiten. Sie suchen Entscheidungshilfen und wollen wissen, wie sie über gewisse Hürden kommen, sie wollen ermutigt werden oder überprüfen, ob die eigenen, noch theoretischen Vorstellungen der Realität entsprechen. Die Mentees interessierten sich dafür, wie ich mich im beruflichen Alltag durchsetze. Wie ich persönlich mit Hierarchien umgehe, wie ich Einfluss nehme, wollen wissen, ob ich meine Karriere geplant hätte. Also, wie mein persönlicher Weg aussah, wo die Schwierigkeiten lagen und ob es mir leichtfällt, mit Macht umzugehen. Ebenso wichtig ist die Frage »Was ist anders, wenn man eine Frau ist?«.

Die Darstellung meiner beruflichen Erfolge und besonders auch meiner Niederlagen zeigen den Mentees offensichtlich, dass ihre Sorgen und Ängste nichts Ungewöhnliches sind. Junge Frauen schätzen es sehr, zudem über unbequeme Dinge wie den Umgang mit beruflichem Druck, mit Konkurrenzsituationen oder beruflichem Scheitern sprechen zu können. Ich versuche ihnen zu vermitteln, dass Frauen akzeptieren sollten, dass aufgrund knapper Führungsressourcen ein Wettbewerb stattfindet, bei dem es nicht immer kuschelig zugeht. Mein Ziel ist es, die Mentees dafür zu sensibilisieren, Freude am beruflichen Wettbewerb zu entwickeln, Selbstzweifel zu überwinden, die eigene Kritikfähigkeit zu stärken und den Umgang mit Macht positiv und realistisch einzuschätzen. Überraschend und auch berührend empfinde ich immer wieder die große Offenheit, die mir entgegengebracht wird. Das Bedürfnis der Mentees, ihre persönlichen Rahmenbedingungen zu reflektieren, führt oft zu vertrauensvollen und intensiven Gesprächen. In kurzer Zeit entwickeln sie so mehr Selbstbewusstsein. Sie hören, manchmal zum ersten Mal, dass ein Berufsleben nicht linear verläuft. Sie erfahren, dass ich über (innere) Hürden springen musste, dass ein Scheitern schmerzt, aber nur selten das Ende bedeutet. Aufstehen und sich eine zweite Chance suchen, um es besser zu machen und an negativen Erfahrungen zu wachsen, hilft, größer zu werden. Meine Ehrlichkeit und der offene Blick hinter die Kulissen der Businesswelt nimmt ihnen ihre Sorge, alles perfekt machen zu müssen. Ich versuche, ihnen zu vermitteln, dass sie ihre berufliche Entwicklung in erster Linie an ihren eigenen Lebensvorstellungen ausrichten sollen und nicht an den Erwartungen der Eltern, des Partners oder der Gesellschaft.

Die gegenseitige Offenheit führte dazu, dass ich bis heute mit einigen Frauen in Kontakt stehe und ihren Werdegang aus der Ferne verfolge. Sie sagen, dass das professionelle Mentoring-Programm ihnen zu einem gelungenen Start in das Berufsleben geholfen hat. Erste Erfolge werden sichtbar, und ich empfinde Freude, wenn ehemalige Mentees sich im Berufsleben etablieren, sich zu selbstbewussten Führungskräften entwickeln.

Regina, sechsundzwanzig Jahre alt, lernte ich über das Expertinnen-Netzwerk UNICA kennen. Sie beendete gerade ihr Studium und war auf der Suche nach der ersten Anstellung. Ihr Wunsch war, sich von Anfang an auf einen optimalen Einstieg ins Berufsleben vorzubereiten. Sie wollte in den nächsten fünf Jahren die Weichen gestellt haben, um danach eine Führungsposition zu übernehmen.

Rückblickend auf ihre Zeit als Mentee betonte sie einmal: »Beim Mentoring hatte ich ganz klar den Eintritt in das Berufsleben vor Augen und wurde auch als Starterin und nicht als Studentin begleitet. Das änderte schon mal viel an meinem eigenen Gefühl. Grundsätzlich ist das Mentoring-Programm eine wunderbare Gelegenheit, sich als ›Große‹ zu fühlen und als solche zu erproben. Ich erlaubte mir auf einmal eine große Vorstellung von meinem Berufsleben. Gut, Frau Rousseau, dass Sie nicht aus meinem Fachbereich kamen, erst das eröffnete mir unbekannte Sichtweisen und neue Perspektiven.« Regina erreichte ihr Ziel und arbeitete bereits vier Jahre nach ihrem Studium als stellvertretende Museumsdirektorin.

Junge Frauen, die schon über erste Berufserfahrungen verfügen, kommen, um sich auf den nächsten Karriereschritt vorzubereiten, oder sie haben ein konkretes berufliches Problem. Manche stehen vor einem Jobwechsel, andere erleben immer wieder Dinge, von denen sie sagen: »Ich verstehe nicht, warum mir das dauernd passiert. Ich habe es auf unterschiedliche Weise probiert, es klappt nicht, ich werde bei Beförderungen übergangen. Was mache ich falsch? Vielleicht stehe mir selber im Weg?« Der Blick von außen auf eine aktuelle Situation kann hilfreich sein, um zu erkennen, wo sich eine Frau selbst einschränkt: Ängste? Selbstzweifel? Alte Prägungen? Die Erziehung? Zu wenig Reflexion über das eigene Verhalten? Wir Mentorinnen sind auch ein bisschen wie Trüffelschweine, der richtige Riecher legt das vergrabene Problem frei, entdeckt verborgene oder verschüttete Talente, spürt unbewusste Blockaden auf. Mit gezielten Fragen gehen wir den Ursachen auf den Grund. Ich versuche dann anhand konkreter Beispiele aufzuzeigen, wie sehr Frauen durch gesellschaftliche Erwartungen, durch Erziehung, durch Vorurteile im Handeln beeinflusst oder behindert werden und wie diese Hindernisse zu überwinden sind, wie die gläserne Decke durchdrungen werden kann.

Unterschiedliche Persönlichkeiten und Problemstellungen kennenzulernen, Frauen den Weg zu ebnen, ihnen zu helfen, sich in ihrer Kompetenz und in der Persönlichkeit zu entwickeln, sie zum Glänzen zu bringen – das ist für mich die befriedigendste Aufgabe im Berufsleben. Ganz häufig entsteht so etwas wie Seelenverwandtschaft. Das ist eine besondere, eine empathische Form von Netzwerken, die Mut macht, zuversichtlich in die Zukunft zu schauen.

Das WIR stärken

Fortschritt gelingt nur mit Frauen und Männern. Wir müssen die weiblichen Qualitäten nutzen und sie mit den Fähigkeiten der Männer verbinden. Wir müssen die Stärken zusammenbringen und die Schwächen ausgleichen. Am Ende geht es durch das Jobsharing in Richtung kollektive Führung. Es geht darum, gemischte Teams zu bilden, in denen jedes Mitglied auf seiner Position auf dem Spielfeld das Beste geben kann. Es geht um das Wir.

Gemeinsam sind wir besser

Klassische Hierarchien weichen mehr und mehr auf, verändern sich, sie könnten in Zukunft eher hinderlich als sinnvoll sein. In globalen Unternehmen vollzieht sich ein Prozess, der immer weniger Platz für Autoritäten und einsame Entscheidungen in Hinterzimmern lässt. In Zukunft werden gemischte Teams mit internationaler Expertise, mit diversen Ausbildungswegen und Studienfächern die Zukunft nachhaltig prägen. Leistungsstarke Teams und exzellente Führungskräfte, die Orientierung geben, werden für ihre Unternehmen die besten Lösungen finden und diese erfolgreich umsetzen. Dies gilt auch für jeden Einzelnen, unabhängig von Hierarchien und unabhängig vom Geschlecht. Um komplexe Vorgänge zu bearbeiten, brauchen wir neben guten Rahmenbedingungen immer auch Verbündete, die mit ihren Kompetenzen und Erfahrungen ein Projekt erst erfolgreich machen. Dies erfordert eine Zusammenarbeit von Teams mit unterschiedlichen Kenntnissen. Zur Verbesserung und Weiterentwicklung der Menschheit werden weibliche Erfahrungen in Addition mit männlichen Fähigkeiten eine elementare Rolle spielen.

Die bereits erwähnte »Women Matter«-Langzeitstudie belegte, dass gemischte Teams wirtschaftlich bis zu 30 Prozent erfolgreicher sind. Vielfalt oder – neudeutsch – Diversity, was Nationalität, Religion, sexuelle Orientierung, Altersgruppen oder eben Geschlecht angeht, ist ein dezidierter Erfolgsfaktor.

Wie kann es dann aber sein, dass viele Unternehmen sich nicht ernsthaft bemühen, gemischte Teams in Vorstand und Führungsebenen zu etablieren?

»Diversity-Management ist eine Notwendigkeit«, sagt Matthias Spörrle, Professor für Wirtschaftspsychologie an der Technischen Universität München, »und sollte eine Selbstverständlichkeit sein.« Aus seiner Sicht ist »Diversity-Management selbst weniger die Herausforderung. Es sind vielmehr bestimmte Mechanismen unseres Denkens, die Diversity-Management anspruchsvoll und als Folge davon zugleich unverzichtbar machen.«

Wir, also Frauen und Männer, werden die berufliche Zukunft und die notwendige neue Führungskultur gemeinsam verändern – oder gar nicht. Veränderungen benötigen – wir mögen dies bedauern – Zeit. Die Gleichberechtigung von Frauen war Jahrtausende lang einfach kein Thema. So lange wird es zum Glück nicht noch einmal dauern, um gemeinsam Verantwortung in Führungspositionen zu übernehmen. Studien belegen, dass die Fähigkeiten der Frauen und die Fertigkeiten der Männer im Doppelpack zu besseren Lösungen und Ergebnissen führten. Wir blockieren diese Potenziale durch unsere Sozialisierung und unsere tradierten Denkmuster. Fakt ist: Diese Konditionierung hindert uns zu oft, das logisch Richtige zu tun, um das Notwendige zu erreichen. So müssen viele berufstätige Frauen täglich Vorbehalte ertragen, sich aktiv dafür einsetzen, dass diese durch neue Realitäten ersetzt werden. Diese blockierenden Schemata werden bis heute bewusst oder unbewusst von Männern, aber auch von Frauen bedient. Tradierte Denkgewohnheiten halten sich in den Köpfen wie Beton. Oder, wie es der britische Ökonom John Maynard Keynes ausdrückte: »Die größte Schwierigkeit der Welt besteht nicht darin, Leute zu bewegen, neue Ideen anzunehmen, sondern alte zu vergessen.«

Frauen in den Aufsichtsrat

2008 fragte mich eine Kollegin während einer Mittagspause: »Kennst du eigentlich FidAR?«

»Nein, habe ich noch nie gehört. Oder doch: Ist das nicht eine Organisation in Berlin, die mehr Frauen in deutsche Aufsichtsräte bringen will?«

»Ja, genau. Meine Freundin engagiert sich dort im Vorstand. Ich habe ihr erzählt, dass du bei Beiersdorf schon seit vielen Jahren eine der wenigen Frauen im Aufsichtsrat bist. Sie würde dich sehr gern kennenlernen. Ich könnte den Kontakt zu ihr herstellen.«

Kurze Zeit später rief mich die Freundin der Kollegin an und erklärte mir, warum sie und andere Frauen in Führungspositionen aus Wirtschaft, Wissenschaft und Politik Ende 2006 FidAR gegründet hatten.

»Sie wissen es, Frau Rousseau: Die Vorteile von ausgewogen besetzten Führungsgremien sind bereits nachgewiesen. Trotzdem haben freiwillige Vereinbarungen und die Selbstverpflichtung der deutschen Wirtschaft aus dem Jahr 2001 bislang zu keinem angemessenen Frauenanteil in den Führungsebenen der großen Unternehmen geführt. FidAR fordert daher eine gesetzliche Geschlechterquote von jeweils mindestens 30 Prozent Frauen und Männern für die Vertreter der Anteilseigner und Arbeitnehmer in den Aufsichtsräten aller der Mitbestimmung unterliegenden

Gesellschaften. Außerdem eine verbindliche gesetzliche Regelung, dass in den genannten Unternehmen unter den Arbeitnehmervertretern im Aufsichtsrat Männer und Frauen entsprechend ihrem Anteil an der Belegschaft vertreten sein müssen. Und drittens wirksame Maßnahmen zur Verbesserung der Qualität der Aufsichtsratsarbeit und Unternehmensführung.«

Wir führten eine angeregte Diskussion, und Ende 2008 trafen wir uns gemeinsam mit der FidAR-Präsidentin in Berlin. Schon nach wenigen Minuten spürten wir drei, dass die Wellenlänge zwischen uns stimmte.

Ich informierte beide über meinen beruflichen Werdegang bis in den Aufsichtsrat.

»Wie war es für Sie, anfangs als einzige Frau in dem Gremium zu sein? Und wie haben Sie Ihren Weg in den Aufsichtsrat geschafft?«, wurde ich gefragt.

»Für mich selbst war die Tatsache, als Frau in den Aufsichtsrat zu kommen, nicht besonders relevant. Viel herausfordernder war für mich aber zu Beginn der ersten Amtsperiode, wie ich in diesem neuen Aufgabenfeld wichtige Inhalte platzieren und wie ich bei Diskussionen auf Augenhöhe mithalten konnte. Dennoch war mir die weibliche Alleinstellung, die ich einnahm, durchaus sehr bewusst. Das fängt ja schon bei der Begrüßung an: ›Sehr geehrte Frau Rousseau, meine sehr geehrten Herren ...‹ Solange eine einzelne Frau in reinen Männerteams Verantwortung übernimmt, steht sie unter ganz besonderer Beobachtung. Ich musste sehr schnell beweisen, dass ich wegen meiner Kompetenz in das Gremium gewählt worden war.«

»Ich bin gern dabei und trete FidAR bei«, beendete ich unseren Austausch. Die beiden luden mich daraufhin ein, auf der ersten FidAR-Konferenz in Berlin an einer Podiumsdiskussion vor 200 Frauen in Führungspositionen teilzunehmen.

Einige Wochen später war es so weit: »Ich frage mich, ob es richtig ist, dass wir heute im Saal überwiegend Frauen begrüßen«, so mein Eingangsstatement auf dem Podium. »Es gibt in Deutschland momentan nur eine einzige Frau, die Aufsichtsratsvorsitzende eines DAX-Konzerns ist. Wir diskutieren hier also ohne die eigentlichen Entscheider. Ich würde mir wünschen, dass wir die Diskussion zukünftig mit den verantwortlichen Aufsichtsratsvorsitzenden führen könnten.«

Die Tatsache, dass die Organisation Frauen in Aufsichtsratsposten bringen will, fand ich gut, allerdings würde das aus meiner Sicht nur in Zusammenarbeit mit den Männern funktionieren. Es waren nur wenige Männer anwesend, obwohl FidAR von Beginn an männliche Mitglieder aufnahm.

»Aber die Aufsichtsratsvorsitzenden würden unserer Einladung doch gar nicht folgen«, hielt die FidAR-Präsidentin mir entgegen.

»Wie viele haben Sie denn gefragt?«, konterte ich. Der Punkt ging an mich.

Sie bat mich, dafür zu sorgen, dass der amtierende Beiersdorf-Aufsichtsratsvorsitzende zu einer der nächsten Podiumsdiskussion kommen würde.

»Wenn einer für dieses Thema offen ist, dann er«, lehnte ich mich weit aus dem Fenster und nahm die Herausforderung an.

Wenige Tage später, am Rande einer Aufsichtsratssitzung, fragte ich ihn, ob er schon einmal etwas über die bundesweite Initiative »Frauen in die Aufsichtsräte« gehört hätte.

»Das sind doch die aus Berlin, die eine gesetzliche Quote für den Aufsichtsrat einführen wollen, oder?«, antwortete er.

Ich berichtete ihm von meiner öffentlich geäußerten Kritik und dass wir mit dem Thema nicht weiterkämen, wenn wir ohne Entscheider diskutierten. Ich wagte mich vor und fragte ihn direkt, ob er sich vorstellen könne, an einer der nächsten Diskussionsrunden mitzuwirken.

»Dazu müsste ich erst einmal die Initiatorinnen und die Ziele kennenlernen«, kam seine Antwort.

»Soll ich einen Termin mit der Präsidentin vereinbaren?«

»Sehr gern.«

Ich strahlte und fühlte mich sehr erleichtert, dass ich den Mund nicht zu voll genommen hatte. Mit meiner Einschätzung, dass der Aufsichtsratsvorsitzende für das Thema Diversität grundsätzlich offen war, hatte ich richtiggelegen.

Der Tag des Treffens kam, die Präsidentin und ich trafen uns vorher.

»Wie soll das Gespräch ablaufen?«, fragte sie.

Ich schlug vor, sie solle erläutern, warum sie FidAR gegründet hatte, welche Ziele die Organisation verfolge, bis wann diese erreicht sein sollten und worin aus ihrer Sicht die Notwendigkeit bestünde, mehr Frauen in die Aufsichtsräte zu holen. Auch sollten wir offen diskutieren, warum das nur mit einer festen Quote erreichbar sei. Besonders wichtig sei, dass wir das Thema gemeinsam mit aktiven Aufsichtsratsvorsitzenden angingen und nicht ohne die Entscheider.

Der Aufsichtsratsvorsitzende empfing uns in einem Besprechungsraum, schenkte uns Kaffee ein. Nach einer kurzen Vorstellungsrunde präsentierte die Präsidentin ihm die Initiative FidAR. Er hörte interessiert zu, fragte das eine oder andere Mal nach und sagte schließlich: »Ich bin nicht für die Quote.«

Mir stockte der Atem.

»Wir brauchen qualifizierte Frauen in Führungspositionen«, führte der Aufsichtsratsvorsitzende weiter aus, »dies gilt auch für den Vorstand und für den Aufsichtsrat. Ja, ich bin dafür, dass mehr Frauen Verantwortung übernehmen, dabei zählt für mich aber die Qualifikation, nicht die Quote.«

Erstes Durchatmen auf meiner Seite.

Er fasste seine persönlichen Erfahrungen humorvoll zusammen: »Wenn Sie als Mann erleben wollen, wie es sich anfühlt, Körbe zu bekommen, dann rufen Sie mal Frauen an und fragen sie, ob sie Interesse hätten, Verantwortung auf Vorstands- oder Aufsichtsratsebene zu übernehmen.«

Ich hörte beinahe die Gedanken der Frauen am anderen Ende der Leitung: Wie kommt der auf mich? Kann ich das überhaupt? Bin ich gut genug? Ich wusste genau, was er meinte. Hatte ich das doch selbst erlebt.

»Während bei den Männern schon fast die Sektkorken knallen, weil sie eine große Chance für ihre berufliche Entwicklung wittern, zögern die Frauen. Ein klares ›Ja, danke für Ihre Einladung zum Gespräch‹ oder ›Nein, das ist für mich momentan nicht von Interesse‹ würde mir sehr helfen, meine Aufgabe zu erfüllen«, beendete er seine Ausführungen.

Einen Moment herrschte Stille im Raum. Wir Frauen sahen uns an.

»So, haben Sie einen Aufnahmeantrag dabei? Ich bin bereit, Mitglied bei FidAR zu werden«, forderte er jetzt die Präsidentin auf. Und wenig später unterzeichnete der erste Aufsichtsratsvorsitzende Deutschlands seine Mitgliedschaft bei FidAR. Die Präsidentin und ich tranken unseren Kaffee aus, bedankten uns und vereinbarten, ihn zu der nächsten Podiumsdiskussion einzuladen.

Einige Tage später kam der Aufsichtsratsvorsitzende auf mich zu und sagte: »Wenn wir diese Entwicklung ernst nehmen, sollten wir auch bei Beiersdorf darauf reagieren. Was halten Sie davon, wenn wir Diversity-Beauftragte im Aufsichtsrat ernennen?«

»Es wäre ein konsequenter Schritt, wenn wir nicht darauf warten würden, bis ein Gesetz Quoten vorschreibt.«

Zur Förderung von Diversity im Aufsichtsrat wurden dann zwei Mitglieder des Aufsichtsrats benannt. Sie sollten den Aufsichtsrat bei jeder beabsichtigten Wahl eines Aufsichtsratsmitglieds der Anteilseignerseite oder eines Ausschussmitglieds unterstützen und gemeinsam mit dem Vorsitzenden des Aufsichtsrats nach Konsultation mit den übrigen Aufsichtsratsmitgliedern eine Stellungnahme zu den Wahlvorschlägen des zuständigen Nominierungsausschusses abgeben. Die beiden Beauftragten schlugen vor, bei Beiersdorf eine operative Funktion »Diversity« einzurichten, um nachhaltig Ziele zum Thema Gender zu definieren und diese zu kontrollieren.

Der Aufsichtsratsvorsitzende hielt Wort, und wann immer es sich zeitlich einrichten ließ, nahm er an FidAR-Veranstaltungen teil.

Mit dem Teilen meiner persönlichen Erfahrungen und den umfassenden Einblicken hinter die Kulissen meines beruflichen Werdegangs verbinde ich die Hoffnung, dass sich mehr Frauen für die Mitwirkung in dem einen oder anderen Mitbestimmungsgremium interessieren, um das Ziel der gleichberechtigten Teilhabe aktiv mitzugestalten und zu unterstützen. Gleichberechtigte Teilhabe fällt nicht vom Himmel, sie bedarf sehr viel Zeit und sie ist harte Arbeit, jeden Tag, für jede und jeden. Das Miteinander der Geschlechter statt eines Nebeneinanders ist die richtige Antwort auf gesellschaftliche und unternehmensinterne Herausforderungen, in denen Frauen tatsächlich dieselben Chancen haben und damit schneller Führungs-, Vorstands- und Aufsichtsratspositionen besetzen können.

Seit 2010 veröffentlicht FidAR den Women-on-Board-Index, den sogenannte WoB, der regelmäßig den Frauenanteil in den Spitzenpositionen der deutschen Wirtschaft misst. Die 2015 eingeführte Frauenquote von 30 Prozent in Aufsichtsräten funktioniert – aber nur dort, wo es verbindliche Vorgaben gibt. Seitdem ist der Frauenanteil in den Aufsichtsräten der 186 im DAX, MDAX, SDAX und TecDAX sowie der im regulierten Markt notierten, voll mitbestimmten Unternehmen um sechs Prozentpunkte auf über 28 Prozent gestiegen. Bei den aktuell 104 der Quote unterliegenden Unternehmen kletterte der Wert um neun Prozentpunkte auf durchschnittlich 30,9 Prozent. Bei den nicht der Quote unterliegenden zweiundachtzig weiteren Unternehmen liegt der Anteil jedoch weiterhin unter 20 Prozent. Hier wird deutlich, dass freiwillige Vorgaben kaum Wirkung zeigen. Die Erfahrungen, die wir mit den freiwilligen Zielvorgaben für den Vorstand machen, sind bislang sehr enttäuschend und belegen, dass es ohne gesetzliche Regelungen offensichtlich nicht funktioniert. Auf Vorstandsebene beträgt der Frauenanteil nur 6,1 Prozent. Zwar müssen alle vom Gesetz umfassten Firmen auch für Vorstand und Führungsebenen Zielgrößen für einen Frauenanteil festlegen. Fast 70 Prozent der Unternehmen, die sich Zielgrößen gesetzt haben, geben als Zielgröße jedoch »null Frauen« an. Es ist erstaunlich, dass »null Frauen« tatsächlich von so vielen Unternehmen als Ziel gesetzt wird. So kommen wir nur im Schneckentempo vorwärts. Das belegt leider auch, dass den durch Studien nachgewiesenen wirtschaftlichen Vorteilen, die gemischte Teams erzielen, keine Beachtung geschenkt wird. Es zeugt von einer unglaublichen Arroganz, bestehende Fakten zu ignorieren.

Fazit: Wenn wirklich mehr Frauen ein Mandat in einem Vorstand oder Aufsichtsrat wahrnehmen wollen, brauchen wir aber auch viel mehr mutige Frauen, die sich trauen, ihre Komfortzone zu verlassen, die bereit sind, diese große Verantwortung, oft zusätzlich zu ihrer beruflichen Hauptaufgabe, zu übernehmen.

Partnerschaft zählt – nicht nur beruflich, auch privat

Teamwork. Tandem. Gemeinsam. Diese Schlagworte gelten nicht nur beruflich, sondern auch privat, um Karriere zu machen. Was war ein wesentlicher Teil meines Erfolgs? Mein Mann! Ich habe viel erreicht in meinem Berufsleben, nie hätte ich gedacht, dass es möglich sein würde, so weit zu kommen. Das ist zu einem großen Teil auch sein Verdienst. Seine Anerkennung gibt mir viel Kraft, und ohne die kontinuierliche, kluge und liebevolle Unterstützung meines Mannes wäre es nicht machbar gewesen.

Erfolg ist sehr oft eine Teamleistung, das kennen Profisportler, die hart arbeiten und von kompetenten Teams vorbereitet werden, um irgendwann einmal bei Weltmeisterschaften oder den Olympischen Spielen auf dem Siegertreppchen stehen zu können. Jede Führungskraft, die im Aufsichtsrat oder Vorstand erfolgreich mitwirken möchte, braucht dafür einen starken Willen sowie eine konkrete Vorstellung, wie und wann sie dort ankommen möchte. Verzicht ist Voraussetzung, wenn sie an der Spitze stehen möchte. Denn dort oben ist es oft sehr einsam. An sich zu glauben, Rückschläge einzustecken, wieder aufzustehen, tiefe Zweifel, ob dieses Leben so richtig ist, gilt es auszuhalten und immer wieder zu überwinden. Das gehört zur beruflichen Realität eines Menschen, der Verantwortung trägt, genauso wie das Wissen, dass Erfolg allein nur sehr schwer zu erreichen ist.

Der Partner, Kinder, die Familie und Freunde stehen manchmal nicht an erster Stelle, aber sie sind das Fundament, das Menschen in Spitzenpositionen brauchen. Ohne diese Unterstützung lässt sich das Ziel nicht erreichen. Hinzu kommen exzellente Trainer, verlässliche Berater, hartes Training, um sich auf den Wettkampf vorzubereiten. Und dieser beinhaltet, im richtigen Moment alles zu geben und doch nicht zu wissen, ob sich der hohe Aufwand lohnt.

Mir war immer bewusst, dass ich einen Preis zu zahlen hatte, wollte ich die höchste Stufe der Karriereleiter erklimmen. Denn: Der Traum, den man hat, kann in Erfüllung gehen, oder er zerplatzt wie eine Seifenblase. Im ersten Fall tritt eine Frau in Bruchteilen von Sekunden aus dem Schatten ins Licht. Sie wird sichtbar, die Medien berichten über sie, zumindest dann, wenn Frauen sich vorerst noch in einer deutlichen Minderheit in Vorstands- und Aufsichtsratspositionen befinden. Der Bekanntheitsgrad steigt, die Anonymität hört auf. Fremde Menschen sprechen sie an, im Zug, im Flieger, auf der Straße. Manchmal wohlwollend, manchmal kritisch. Das Privatleben wird weniger privat. Interviews, Podiumsdiskussionen, Galas, Ehrungen. Der Partner erlebt hautnah, wie es sich anfühlt, wenn seine Frau ins Licht rückt – und er in den Schatten tritt. Und falls die Sprosse auf der Karriereleiter wackelt, wird das öffentliche Echo vom Scheitern einer Frau wieder eine Stereotype bedienen: »Wussten wir doch, dass die Frau es nicht schafft …«

Wir selbst beeinflussen unsere Karriere maßgeblich, wenn wir die richtigen Rahmenbedingungen dafür schaffen. Ich behaupte: Fast alle erfolgreichen Männer tun genau das. Unzählige Ehefrauen zahlen nebenbei auch einen hohen Preis dafür, dass sie ihren Partner unterstützen und ihm den Rücken freihalten und dabei ihre eigenen Interessen stark zurückstellen.

Frauen haben diesen Rückhalt oft nicht. Junge Frauen thematisieren häufig ihr Dilemma zwischen Job und Familie. Ich erinnere mich an ein Gespräch mit Anne, einer sehr talentierten Frau Mitte dreißig, Mutter einer Tochter und verheiratet mit Julian. Sie ist voll berufstätig und bekleidet eine Führungsposition in einem DAX-Konzern.

Als wir 2015 miteinander sprachen, plante sie gerade, ein Jahr auszusetzen, um ihre Doktorarbeit zu beenden. Ich bewunderte ihre Klarheit, mit der sie ihren beruflichen Weg konsequent verfolgte. Auch ihr Arbeitgeber unterstützte ihre Pläne. Trotzdem wirkte sie bedrückt.

»Freust du dich nicht, dass du im Unternehmen vollen Rückhalt für deine Pläne bekommst?«, fragte ich sie.

Anne dachte länger nach und antwortete dann mit belegter Stimme: »Ja, es ist großartig, dass mein Arbeitgeber mir diese Möglichkeit bietet. Ich sehe das als große Wertschätzung und Vertrauensgeste. Es ist aber etwas anderes: Meine Schwiegermutter hält mir vor, dass meine Promotion eine zu große Belastung für die Familie darstellt. Aus ihrer Sicht gehöre ich zu meinem Kind und meinem Mann, um für beide voll da zu sein. Ihre kritischen Bemerkungen – ›Warum musst du arbeiten? Julian verdient doch genug für euch! Du arbeitest zu viel, deine Tochter braucht dich! Es wäre für die Familie besser, wenn du dir für sie mehr Zeit nehmen würdest, statt dich selbst zu verwirklichen‹ – treffen und verunsichern mich. Hinzu kommt, dass ich mir von Julian wünsche, er würde sich deutlicher positionieren. Es wäre viel einfacher für mich, würde er unsere gemeinsame Entscheidung für die Promotion und meine sich daran anschließende weitere Berufstätigkeit mit Entschlossenheit und Stolz mittragen. Ich bekomme aber durch ihn kaum Unterstützung bei der Erziehung unserer Tochter, genauso wenig im Haushalt. Sein Denken und Handeln sind geprägt durch seine eigene Kindheit und durch den Druck, den seine Mutter auf ihn und uns ausübt. Ihre Botschaften belasten unsere Ehe.« Anne schaute mich traurig an: »Es verletzt mich sehr, dass Julian mir nicht den Rücken stärkt. Ich schaffe es einfach nicht, das Verhalten meiner Schwiegermutter oder das meines Mannes zu ändern.«

»Sprich offen mit deinem Mann über deine Erwartungen«, riet ich Anne. »Lass ihn teilhaben an deinem inneren Konflikt, den das Verhalten deiner Schwiegermutter bei dir auslöst. Sag ihm, wie wichtig seine Unterstützung für dich ist. Sucht gemeinsam ein Gespräch mit der Schwiegermutter.«

Zwei Jahre später saß Anne strahlend vor mir. Trotz aller Widerstände hatte sie ihre Promotion in der Tasche.

»Es war ein großartiges Gefühl, als ich im Beisein meiner Eltern und Julian die Doktorwürde verliehen bekam. Ich war so glücklich und stolz darauf, dass ich es geschafft habe und diesen Erfolg mit den anderen teilen kann.«

Anne hatte sich mit eiserner Disziplin, Fleiß und großer Beharrlichkeit ihren Traum erfüllt. Durch die Promotion sind ihre beruflichen Karrierechancen gestiegen. Ob es nötig ist, die heimische Situation irgendwann zu ändern, können nur sie und ihr Mann gemeinsam entscheiden.

»Gleichberechtigung fängt bei der Partnerwahl an«, sagt Facebook-Top-Managerin Sheryl Sandberg. Ich kann dem nur zustimmen – und möchte hinzufügen: Der Weg zu einer Karriere mag schon bei der Partnerwahl anfangen, denn Liebe und Verantwortung füreinander zu tragen, bilden dafür das Fundament. Karriere und Liebe schließen sich also nicht aus, sondern sie können einander beflügeln.

Mein ungewöhnlicher Weg ist davon geprägt, dass ich mit meinem Mann einen Menschen an meiner Seite habe, der mich in meinem Lebensmodell zu hundert Prozent unterstützt. Wir haben schon vor der Hochzeit entschieden, meinen beruflichen Weg als gemeinsame Aufgabe anzugehen. Meine Karriere ist immer mehr zu unserem Projekt geworden. Jede Entscheidung wird zusammen besprochen, wir klären einhellig, welchen Preis es uns abverlangt, wenn ich eine zusätzliche Aufgabe übernehme. Mein Mann arbeitet als Schulungsleiter. Wenn er gefragt wird, was er beruflich macht, lautet seine Antwort: »Ich mache Millionäre.« Er ist bei Lotto Toto angestellt und schult Inhaber und Mitarbeiter von Lottogeschäften. Und er entscheidet maßgeblich mit, ob ich erneut für den Aufsichtsrat kandidiere oder ein weiteres Ehrenamt annehme, er achtet auf mich und passt auf, dass ich mich nicht überfordere. Seine Unterstützung bei all meinen beruflichen Plänen ist eine elementare Säule für meinen Erfolg.

Kurz: Mein Mann kennt mein Business, und mein Business kennt meinen Mann. Das hört sich dann zum Beispiel so an wie in meiner Antrittsrede, als ich 1998 ehrenamtlich den Vorsitz der Beiersdorfer Sportgemeinschaft übernahm: »Als Kind habe ich Sport gehasst, das hat sich etwas gelegt. Seit vielen Jahren tanze ich leidenschaftlich gern Standard- und Lateintänze oder steppe auf dem Parkett, auch das Segeln ist eine Sportart geworden, die mir liegt. Turnhallen sind mir bis heute suspekt, der Geruch in Umkleideräumen nach verschwitzen Sportklamotten hat sich aus meiner Kindheit bis heute tief in meiner Erinnerung verankert. Also, wenn ich ehrlich bin, das Sportlichste an mir ist mein Mann.«

Karriere ist immer Teamarbeit – besonders im direkten privaten Umfeld. Ich schätze es sehr, dass mein Mann und ich einander nie ändern wollten, sondern uns gegenseitig in unserer Persönlichkeit stärken.

Der Blick, mit dem er mich jedes Mal ansah, wenn ich die nächste Sprosse auf der Karriereleiter nach oben kletterte, drückte unendlich viel Respekt, Freude und Stolz aus. Dann fühlte es sich an wie damals vor dem Traualter: Du bist mein Zuhause. Wir haben sehr bewusst den Trauspruch: »Einer trage des anderen Last und ihr werdet das Gesetz Christi erfüllen« für uns gewählt.

Vor der Hochzeit versprachen wir uns, dass wir an jedem Hochzeitstag über das vergangene Ehejahr offen sprechen würden, darüber, wie sich unsere Liebe, unsere Gefühle und die Beziehung weiterentwickelt hat. Wir vereinbarten, uns immer ehrlich die Frage zu stellen: »Sind wir zusammen glücklicher als allein? Wollen wir unsere Ehe um ein Jahr verlängern?«

Nur wenn wir beide aus tiefstem Herzen erneut Ja sagen könnten, würden wir den Weg weitergehen – aus Liebe und Überzeugung, dass das Leben zusammen schöner und leichter ist. Und wir uns nebeneinander entwickeln und gemeinsam stärken. Was immer mein Mann mir an Unterstützung schenkt, gilt immer auch umgekehrt.

Wirkkraft statt Machtansprüche

»Ich hätte nichts gegen eine Führungsposition, aber ich mag die Art und Weise nicht, wie es jetzt zugeht im Top-Management«, meldete sich eine Frau unlängst nach einem Vortrag zu Wort. Ihre Bemerkung stieß auf allgemeine Zustimmung der beinahe 300 Frauen im Saal.

Die Diskussion, die sich daraufhin entspann, zeigte deutlich: Frauen wollen Führungsverantwortung übernehmen. Aber nicht nach althergebrachten Spielregeln der Macht. Ich kann verstehen, dass Frauen vor Macht zurückschrecken. Meiner Meinung nach tun sie das nicht, weil sie keine Macht wollen, sondern weil sie oft negative Auswirkungen wie Machtmissbrauch vor Augen haben und diese ablehnen. Frauen haben, weil über Generationen geprägt von männlichen Machtstrukturen, ein feines Gespür für die erkennbaren und perfiden Mechanismen der Macht.

Frauen haben jahrhundertelang zugeschaut, wie Männer Macht ausübten, dieses Überstülpen von eigenen Interessen hat sie lange Zeit davon abgehalten, ihre Potenziale frei zu leben und sinnstiftend der Menschheit zur Verfügung zu stellen. Wir haben gelernt, dass wir das so nicht wollen. Und dass Unternehmen es anders machen müssen, wenn sie in der Businesswelt 4.0 eine Rolle spielen wollen.

Wer immer noch an alten Mustern festhält, weil er die neuen Entwicklungen nicht verstanden hat oder verstehen will, blockiert Innovationen und damit den Unternehmenserfolg. Die einstigen unbestrittenen wirtschaftlichen Erfolge fanden in überwiegend eindimensionalen Männerwelten ohne weibliche Führungskräfte statt. Was sollte Männer alten Schlages auch bewegen, es heute anders zu tun als gestern? Ihre Väter haben es ihnen vorgelebt – manches väterliche Vorbild wird ein Leben lang hochgehalten –, es gibt für sie keinen Grund, alte Gedankenstrukturen loszulassen. Ich befürchte, daran werden wir so schnell nichts ändern können. Doch die schnellen Transformationen in unserer Gesellschaft erfordern zeitnah angemessene Reaktionen und neue Vorgehensweisen.

Es bedarf eines Wechsels im Kopf. Ich erlebe Männer, die hilflos diesen gesellschaftlichen Veränderungen, die von ihnen eine neue Haltung verlangt, gegenüberstehen. Wir Frauen sind mit diesem Gefühl von Hilflosigkeit seit Jahrtausenden konfrontiert, wir sind es gewöhnt, uns damit zu arrangieren. Wir haben dagegen eine Resilienz entwickelt. Wir haben gelernt, dass wir oft sehr geduldig sein müssen, um Dinge zu verändern, dass es mehrerer Anläufe bedarf, bevor wir Ziele erreichen, weil uns in der Vergangenheit keine Machthebel zur Verfügung standen. Macht zielt oft auf rasche Erfolge, die sich dann eine einzelne Person zuschreibt. Frauen setzen auf Geduld, auf den richtigen Augenblick, in dem sie mit ihren weiblichen Stärken agieren. Ich nenne dies Wirkkraft, weil sie sich aufs Gemeinwohl bezieht. Wenn es uns gelingt, diese weibliche Kraft der Frauen im Business zu nutzen, lassen sich Potenziale heben. Um zukünftig Erfolg und Wohlstand zu erarbeiten, brauchen wir neue Denk- und Handlungsmuster, die weibliche Stärken integriert.

Gemeinsam sind wir besser. Wie schön wäre es, wenn wir den Mut fänden, das Wohl der Mitarbeiter und der Allgemeinheit über unsere eigenen Interessen zu stellen. Diese Haltung zeichnet echte Führungskräfte aus. Die neue dynamische Führungskraft inspiriert andere und sorgt dafür, dass die Fähigkeiten der Teams sich weiterentwickeln. So wird das Potenzial des Einzelnen zu einer Quelle gegenseitigen Lernens.

Tradierte, überwiegend männliche Spielregeln der Macht zeichnen sich dadurch aus, dass keine Schwäche offen gezeigt wird, dass Ängste und Unsicherheiten verborgen werden. Das Bild des alleinigen Alleskönners, autoritär und stark, löst sich nur sehr langsam auf und weicht dem Bewusstsein, das breite Wissen der Gemeinschaft für die ganze Menschheit zu nutzen. Gute Führungskräfte brauchen keine hierarchischen Strukturen, um gute Ergebnisse zu erzielen, sie brauchen selbstständige Mitarbeiter, gemischte Teams.

In einigen Unternehmen entscheiden schon heute die Mitarbeiter darüber, wer sie führt. Die Berliner Philharmoniker wählen zum Beispiel ihren jeweiligen Chefdirigenten direkt. Und auch in mittelständischen Unternehmen beschließen immer häufiger Teams, welche neuen Kollegen in das Unternehmen eintreten, wer mit ihnen in einer Gruppe arbeitet oder die Gruppe führt.

Die Frauen in Führungspositionen, die ich erlebe, lehnen Autorität in der Regel ab, sie suchen keine Machtposition, sie wollen und brauchen keinen Job, der ihnen Prestige verschafft. Sie wünschen sich vorrangig eine sinnvolle Aufgabe, die sie mit motivierten Teams umsetzen können. Sie wollen in ihrer Weiblichkeit authentisch sein und ihre Fähigkeiten in den Arbeitsalltag einbringen.

Macht hat eben viele Gesichter, sie kann zerstörerisch wirken, genauso aber auch eine gestalterische Kraft sein, die neue Sichtweisen ermöglicht und Prozesse und Veränderungen positiv beeinflusst. Simone Menne, Aufsichtsrätin bei BMW und der Deutschen Post DHL, sieht das locker:»Ich habe kein Problem mit Macht. Im Gegenteil. Ich mag Macht. Ohne ist man ohnmächtig. Man muss Macht gut einsetzen und sie für alle zugänglich machen.«

Führung ist nicht gleichzusetzen mit Macht. Die höchste Macht besitzen nicht die, die operatives Management betreiben, sondern die, die über den größten Gestaltungsspielraum verfügen, die Strategien entwickeln und damit sagen können, was und wie es gemacht wird. Dabei handelt es sich meistens um Eigentümer, Besitzer oder Personen, die per Gesetz legitimiert sind, finale Entscheidungen zu treffen. Hat ein Machtinhaber Angst davor hat, falsche Beschlüsse zu fällen, oder setzt er seine persönlichen Ansichten mit Macht durch, stresst er meist alle Menschen um sich herum und engt Freiräume ein. Machtinhaber leiden oft unter ihrer Verantwortung, die schwer auf ihren Schultern lastet, sodass alle anderen in ihrem Umfeld resignieren oder, wenn sie sich nicht in das Machtgefüge einordnen, mit Konsequenzen rechnen müssen.

Ein falscher Fokus liegt bei Macht auf dem System Belohnung. Belohnt wird, wer bestimmte Bedingungen, die an diese Form der Macht gekoppelt sind, erfüllt. Folgen Menschen diesen Bedingungen »blind«, wird das eigene Denken eingeschränkt. Oder es wird sogar ganz eingestellt. Auf der Strecke bleibt die Kreativität. Belohnungen beinhalten nämlich auch Sanktionen, und diese erzeugen Angst, da man bei einem Nicht-Erreichen der Vorgaben persönlich die Folgen zu tragen hat. Welche Wirkung erzeugen also Belohnungssysteme? Belohnung ist eine Form von kritikloser Anpassung, man ist sozusagen käuflich. Ohne Belohnungssysteme ließe sich etwa leichter sagen:»Wir haben ein Abgasproblem.« Was wäre passiert, wenn statt Machtentscheidungen Wirkkraft erzeugt worden wäre? Wenn wir Mechanismen, die Wirkkraft verhindern, ändern, bauen wir Angst ab und erzielen bessere Ergebnisse. Etwas zu bewirken bedeutet auch immer, die Konsequenzen für die Menschen mitzudenken.

Wenn Macht als Wirkkraft definiert wird, müssten alle das Handeln auf die Wirkung ausrichten. Wenn ich nur Vorhandenes – Strukturen, Besitz, Profit und Macht – erhalten will, ist das der Anfang vom Ende, weil Kreativität im Keim erstickt wird und Entwicklung so nicht möglich ist. Hier muss sich etwas ändern. Macht auszuüben heißt heute, Macht abzugeben. Es wird elementar wichtig, dass wir gemeinsam die Verantwortung tragen und diese selbstverständlich miteinander teilen.

Wirkkraft ist nach außen gerichtet, Macht auf das eigene Ego. Wenn ich an althergebrachte Machtstrukturen im digitalen Zeitalter denke, dann kommt mir sofort das Wort »Disruption« in den Sinn. Krupp, AEG, Nokia, Kodak, AOL … Namhafte Wirtschaftsimperien, sogar Weltmarktführer sind pleitegegangen, weil die Machthaber die Zeichen der Zeit ignoriert oder nicht erkannt haben. Auch an Skandale muss ich in diesem Zusammenhang denken: Umwelt-, Politik-, Finanzskandale – zu viele Egoisten in verantwortlichen Positionen, die nach überholten Mustern handeln.

Wirkkraft schaut nach vorn: In Zeiten rasanter Wechsel von Geschäftsmodellen geht es nicht mehr darum, stur einen einmal eingeschlagenen Kurs zu verfolgen. Machthaber müssen in Kategorien wie Nachhaltigkeit und Generationen denken, sie müssen ihr Team integrieren und gemeinsam an einem Strang ziehen, sonst sind die Unternehmen, die sie verantworten, mit ein, zwei falschen Schritten weg vom Fenster.

Heute geht es darum, Wandel als Kultur im Unternehmen zu leben. Führungskräfte dürfen nicht die Machtkarte ausspielen, sondern müssen den Wandel attraktiv machen. Nur so lässt sich die Unsicherheit, die mit der Digitalisierung einhergeht, beseitigen. Sonst ist diese Unsicherheit wie eine Geschwulst, die sich langsam in allen Teams, im gesamten Unternehmen ausbreitet. Macht in

Zeiten der Digitalisierung ist nicht mehr gleichzusetzen mit Hierarchie und hoheitlichem Wissen. Es kann so nicht weitergehen wie bisher. Was muss sich ändern? Wir brauchen neue Machertypen, unkonventionelle Vorbilder, die neue Impulse setzen. Deren Schlüsselqualitäten dem Gemeinwohl dienen. Immanente Fähigkeiten, die einem Gros der Frauen zu eigen sind. Frauen können aus Macht Wirkkraft machen.

Ein afrikanisches Sprichwort sagt: Es braucht ein ganzes Dorf, um ein Kind aufzuziehen. Ich sage: Es braucht das ganze Team, um ein Unternehmen erfolgreich zu machen. Und das führt Top-down-Management, das auf der absolutistischen Autorität einer Führungskraft beruht, im digitalen Zeitalter ad absurdum.

Vor Kurzem fand bei Beiersdorf eine Women in Leadership Convention statt, an der zahlreiche Kolleginnen aus den internationalen Tochtergesellschaften teilnahmen. Bei einem gemeinsamen Frühstück vor Beginn der Veranstaltung fragte unser Arbeitsdirektor in die Runde, wie die Kolleginnen aus den unterschiedlichen Ländern das Thema Gleichberechtigung erlebten. Die Antworten ergaben ein sehr heterogenes Bild. Schnell war klar, dass es eine kulturelle und strukturelle Herausforderung ist, für Frauen die richtigen Rahmenbedingungen zu schaffen. Auch wenn es weltweit noch viel zu tun gibt, was die Chancengleichheit für Frauen betrifft, hat mir dieses Gespräch vor Augen geführt, wie weit wir schon gekommen sind und wie gut es tut, Solidarität unter Frauen zu erleben. Jedes Engagement trägt Früchte. Ich wünsche mir, dass noch mehr Frauen als Vorbilder vorangehen, andere talentierte Frauen unterstützen und sich um einflussreiche Posten in Führungspositionen, Vorständen und Aufsichtsräten bewerben. Vorbilder haben mir geholfen, bei ihnen ein wenig abzuschauen, wie ich etwas besser machen könnte. Deshalb helfe ich Frauen, auf die Größe zu wachsen, die sie verdienen. Es gibt etwas zu tun, das wichtiger ist als unsere unbegründeten Selbstzweifel: Mit unserem Know-how, unseren Fähigkeiten und unserer Passion sind wir wichtige Vorbilder, die vorangehen, um Frauen auf der ganzen Welt zu ermutigen, für ihr Recht auf Potenzialentfaltung einzustehen.

Auf einer Podiumsdiskussion wurde ich vor einiger Zeit gefragt, ob Frauen in Top-Entscheider-Positionen sich nicht die Hände schmutzig machen oder ihre Ellenbogen einsetzen wollen. Ist das wirklich noch eine Frage im 21. Jahrhundert? Ich konnte dank des Gestaltungsspielraums, den mir Führungspositionen schufen, ob hauptberuflich oder ehrenamtlich, den negativ besetzten Machtbegriff umdeuten und genieße es seither, Einfluss auszuüben. Schmutzige Hände und Ellenbogen sind überholte Methoden im eigennützigen Machtkampf. Die drei Ks – Kommunikation, Konsens- und Kooperationsfähigkeit – sind die Mittel der Wahl. Wirkkraft verlangt, nach einem nach größerem Sinn zu streben statt nach eigennütziger Macht. Das Zusammenspiel von Wirtschaft und Gesellschaft rückt immer stärker in den Vordergrund, und da brauchen wir die drei neuen Ks, die weiblichen Stärken, um Bedürfnisse zu erkennen, um wirtschaftlichen Erfolg zu erzielen.

Dazu ist es notwendig, ein nicht hierarchisches Entscheidungssystem zu etablieren. Frédéric Laloux, belgischer Wirtschaftsphilosoph und Autor, betont in einem Interview: »Man braucht die Struktur, aber nicht den Chef. Kein komplexes System auf der Welt basiert auf Hierarchien.« Arbeit in der digitalen Businesswelt erfordert jenseits von Hierarchiestufen höhere Freiheitsgrade, als sie bisher nötig waren. Damit gelangen wir zu einer Vertrauenskultur, die auf Spielregeln des Miteinanders statt Macht beruht: Akzeptanz, Empathie und Rücksicht. Es geht darum, Verbindung zu schaffen, eine Beziehung herzustellen, sich und andere für gut genug zu befinden, um gemeinsam die gestellten Aufgaben zu lösen. Um gemeinsam und solidarisch anzupacken und die Erfolge zu teilen. Die Dinge entstehen im Prozess. Wir brauchen großherzige und kluge Leader, die ihn vorantreiben, dafür sind Frauen neben all ihrer fachlichen Kompetenz prädestiniert.

Damit Frauen und Männer zusammen dazu beitragen, tief verankerte Vorurteile aufzulösen und ganz selbstverständlich in gemischten Teams zu arbeiten, sollten sie wissen, dass dies einen Mehrwert in der Gesellschaft schafft. Wir brauchen Chefs, die aktiv eine gleichberechtigte Teilhabe anstreben, weil die vor uns liegenden Herausforderungen der Digitalisierung und Transformation in der Arbeitswelt nur gemeinsam zu bewerkstelligen sind. Ich wünsche mir Mütter und Väter, die Vorbilder für ihre Töchter und Söhne sind und für die Gleichberechtigung kein theoretischer Zustand, sondern gelebte Kultur ist, die sich die Erziehung der Kinder teilen, die ihre familiären Pflichten auf vier statt auf zwei Schultern legen, sich kollektiv berufliche und gesellschaftliche Aufgaben teilen und sich gegenseitig entlasten.

Das erfordert jedoch, dass wir den Mut aufbringen, mutig zu sein. Um so sein zu können, wie wir sind. Neben all den Stärken, die uns ausmachen, braucht es von allen Seiten die Bereitschaft, sich von alten Vorstellung zu lösen, wie Frauen sein sollten. Wir müssen uns sichtbar machen und wir müssen riskieren, zu scheitern. Und wenn wir auf Widerstände stoßen, ist Souveränität oberstes Gebot. In einer Sinn-Haltung wird es leicht, Verantwortung zu übernehmen und Wirkkraft zu schaffen.

Frauen müssen ihre Vorstellungen deutlich adressieren, Bedingungen klar einfordern. Sie sollten akzeptieren, dass aufgrund knapper Führungsressourcen ein Wettbewerb stattfindet, in dem es nicht immer harmonisch zugeht. Aber solange eine Sache im Vordergrund steht und weniger eigennützige Ziele verfolgt werden, sind Auseinandersetzungen sinnvoll und zielführend. Das ist eine Energie, deren Einsatz sich lohnt. Immer.

Es ist nicht leicht, die gläserne Decke zu durchdringen. Es ist nicht leicht, eine der wenigen Frauen zu sein und sich neben Männern durchzusetzen. Es ist nicht leicht, auf einem Podium ruhig zu bleiben, während ein Mann im Publikum frauenfeindliche Parolen nach oben feuert. Es ist nicht leicht, eine Wahl zum Aufsichtsrat zu verlieren. Aber es lohnt sich. Und ich bin froh und dankbar, meinem ersten Impuls »Ich kann das nicht« widerstanden zu haben und zu dem Angebot, einen Posten im Aufsichtsrat zu bekleiden, Ja gesagt zu haben. Ich wollte ein Saatkorn legen – und es ist aufgegangen.

Literatur und Links

Literatur

Beard, Mary: Frauen & Macht. Frankfurt am Main 2018

Carnegie, Dale: Wie man Freunde gewinnt. Die Kunst, beliebt und einflussreich zu werden. Frankfurt am Main 2011

Cialdini, Robert B.: Die Psychologie des Überzeugens. Ein Lehrbuch für alle, die ihren Mitmenschen und sich selbst auf die Schliche kommen wollen. Bern 2009

Laloux, Frédéric: Reinventing Organizations. Ein Leitfaden zur Gestaltung sinnstiftender Formen der Zusammenarbeit. München 2015

Lencioni, Patrick M.: Tod durch Meeting. Eine Leadership-Fabel zur Verbesserung Ihrer Besprechungskultur. Weinheim 2009

Obama, Michelle: Becoming. München 2018

Rousseau, Manuela: Fundraising-Management, Methoden und Instrumente. Hamburg 2009

»Schluss mit den Männerklubs. Harvard macht ernst«, *Spiegel Online*, 6. Dezember 2017

Links

https://www.ewmd.org: European Women's Management
Development International Network
https://www.fidar.de/: Frauen in die Aufsichtsräte e. V.
https://fim.de/: FIM – Frauen im Management
https://global-digital-women.com/: Global Digital Women
https://shepotential.de/: ShePotential
https://www.teamnushu.de/: Nushu. Vernetzung unter Frauen
https://www.vaa.de/: Führungskräfte Chemie
https://www.vdu.de/home.html: Verband deutscher Unternehmerinnen
https://workingmoms.de: Working Moms
https://zonta-union.de/: Zonta Clubs Deutschland. Zusammen-
schluss berufstätiger Frauen
http://www.mahnmal-st-nikolai.de/: Mahnmal der Hamburger
Nikolaikirche

Dank

Als ich mich auf den Weg machte, um das vorliegende Buch zu schreiben, ahnte ich in keiner Weise, auf was ich mich da einließ. In dieser Zeit lernte ich viele Menschen kennen, die sich von meiner Idee anstecken ließen und mich ermutigten, es anzupacken. Ihnen allen, die mir ihre Unterstützung schenkten, die ihre Erfahrungen und Expertise mit mir teilten, Kontakte für mich herstellten, mir zuhörten, ehrliche Kritik und Bedenken äußerten, bin ich von Herzen dankbar. Sie alle schenkten mir das Wertvollste, was wir Menschen haben: ihre Zeit.

Ich hatte das große Glück, die uneingeschränkte Unterstützung meiner Familie, meiner Freunde zu genießen, sie schenkten mir die Freiheit, den Fokus auf das Buch zu setzen.

Einen ganz besonderen Dank spreche ich vor allem meinen Ehemann Hans-Jürgen aus. Er ist mir seit mehr als dreißig Jahren ein wunderbarer und verlässlicher Partner, in all den Jahren hat er jeden meiner beruflichen und ehrenamtlichen Schritte aktiv unterstützt. Er stärkte mir auch für dieses Buch den Rücken, trug mich durch mentale Durststrecken, die ich in dem Schreibprozess immer wieder durchlebte. Mein Erfolg ist und wird immer unser Erfolg sein.

Mein Dank gilt dem Autor Manuel Hartung, der mir einen Kontakt zu seinem Literaturagenten herstellte. Professor Dr. Ernst Piper war optimistisch, einen Verlag für mein geplantes Buchprojekt zu finden. Als ich Ende 2017 einen Vertragsentwurf von Ariston in der Hand hielt, empfand ich eine große Verpflichtung und gleichzeitig eine große Dankbarkeit für diese Chance.

Verlagsleiter Klaus Fricke glaubte an das Thema »Frauen auf ihrem Weg im Beruf Mut zu machen« und an mich. Bettina Traub, Programmleiterin und für mein Buch verantwortlich, fragte mich, ob ich einen Ghostwriter benötige. »Nein, auf keinen Fall«, lautete meine Antwort. »Aber ich brauche jemand, der sich mit dem Thema auskennt, ich brauche handwerkliche Unterstützung, eine geduldige, kluge und kritische Begleiterin.«

Bettina Traub fand Stephanie Ehrenschwendner, Autorin und Journalistin, ihr gilt mein größter Dank. Ihre lebendige, zugewandte Art, ihre Begeisterung für das Thema überzeugten mich. Uns verband vom ersten Augenblick an ein unsichtbares Band aus Sympathie und Vertrauen. Wir arbeiteten daran, dass ich meine innere »Handbremse« lösen sollte, mir im Kopf Freiraum beim Schreiben gebe und Freude daran habe. Sie sagte mir: »Das Buch entsteht zuerst im Kopf, dann folgt das Schreiben. Glauben Sie mir, wer anfängt, ein Buch zu schreiben, ist nicht die Person, die es beendet.« Ich habe sehr viel von ihr gelernt und bin ihr dafür zutiefst dankbar.

Danken möchte ich vom Ariston Verlag auch Claudia Limmer, Leiterin der Unternehmenskommunikation, Carolin Assmann, Veranstaltungen, Dr. Daniela Völker, Presseleitung und Regina Rathfelder, Produktmanagement.

Meiner Lektorin Regina Carstensen danke ich für ihre klugen Anregungen und für ihre einfühlsame Arbeit am Manuskript.

Mit Rena Bargsten, Inhaberin der Hamburger Agentur mix, verbindet mich unser Engagement in Organisationen und Verbänden, die sich für mehr Frauen in Führungspositionen und für Mixed Leadership einsetzen. Auf ihre strategische Expertise durfte ich immer wieder zurückgreifen. Ich danke ihr für ihre wertschätzende Beratung und für ihre konstruktive Kritik.

Meiner Freundin Uta Keite danke ich von Herzen für ihr unermüdliches Lesen. Ihre ehrliche und ungeschminkte Offenheit hat mich immer wieder dazu gebracht, zu überlegen, warum Frauen sich für meine Geschichte interessieren sollten. Sie schärfte meinen Blick und trug dazu bei, eine gute Balance zwischen den unterschiedlichen Ansprüchen von Frauen und Männern zu finden.

Meiner Freundin Amelie Gutknecht-Horne danke ich für die vielen intensiven Gespräche und ihre Unterstützung, wenn ich in gedanklichen Sackgassen feststeckte.

Ich danke allen Mentees, die mir erlaubten, ihre Geschichten anonymisiert für das Buch zu verwenden. Und allen Frauen, die bereits sichtbar sind, die sich solidarisch in den notwendigen gesellschaftlichen Veränderungsprozess einbringen und von denen ich lernen durfte.

Das langjährige Vertrauen aller Beiersdorf-Kolleginnen und -Kollegen und auch der Tchibo-Mitarbeiterinnen und -Mitarbeiter machten es möglich, dass ich mehrfach in den Aufsichtsrat gewählt wurde. Dieses Vertrauen war und ist mir eine große Verpflichtung.

Die Person, die mein berufliches Leben bei Beiersdorf von 1986 bis 2007 am meisten positiv beeinflusst hat, ist Professor Klaus Peter Nebel. Ihm verdanke ich, dass ich mein Berufsleben liebe und die Vermischung von Beruf und Privatleben für mich zur Berufung wurde.